サイエンスシアターシリーズ

原子・分子編④

固体＝結晶の世界

ミョウバンからゼオライトまで

板倉聖宣・山田正男

ミョウバン（カリミョウバン）の結晶
0　　5　　10cm

3年　5年　7年

1カ月　2カ月　3カ月　6カ月　12カ月　24カ月

＊7年ものはクロムミョウバンとの混晶

黄色の点線で囲んだ孔が「分子ふるい」になる。炭素原子4個、水素原子10個を持つブタンでも、形の違うノルマルブタンとイソブタンとでは、ノルマルブタンだけが孔を通ることができる。
（赤色で表示した分子は孔を通れない）

- 酸素
- アルミニウム
- ケイ素

イソブタン　ベンゼン　　　　　　　　　　　　　　　　　メタン
　　　　　　　　　　　　　　　　　　　　　　　　　　アルゴン
　　　　　　　　　　　　　二酸化炭素　　　　　　　　　水素
　　　　アンモニア　水
エーテル　　　一酸化炭素　窒素　酸素　ノルマルブタン

ゼオライトの結晶

自然界にある沸石（ふっせき，写真下）＝ゼオライトにはいろんな種類がありますが，どれも上の模型のように決まった大きさの孔があります。この孔の大きさが分子を選別する「ふるい」のような働きをすることがわかって研究が進んでいます。

③炭素原子が3方向で結合。薄くはがれる結晶は？

④炭素原子が4方向でしっかりくっついている、きれいで硬い結晶は？

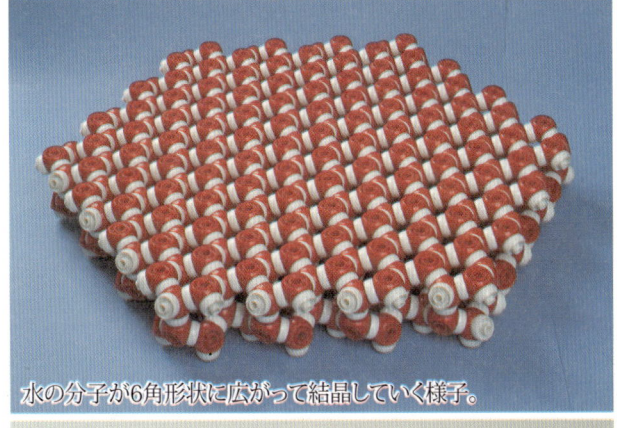

氷の結晶

水の分子が6角形状に広がって結晶していく様子。

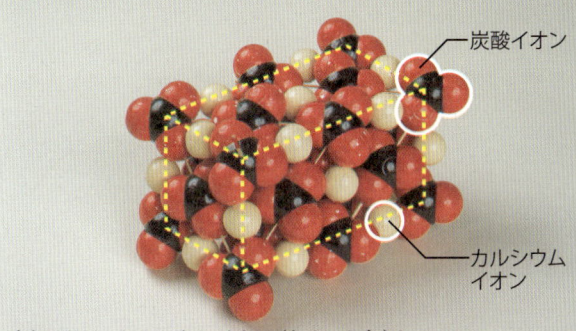

炭酸イオン

カルシウムイオン

方解石は，カルシウムイオン（クリーム色）と炭酸イオン（黒と赤）とが交互に並んで結晶している。

方解石の結晶

何の結晶模型かわかるかな？

②硫黄（いおう）分子だけでできている結晶は？

硫黄分子

①塩素イオンとナトリウムイオンからできている結晶はなーに？

ナトリウムイオン

塩素イオン

答えは次のページ

ミョウバンの結晶

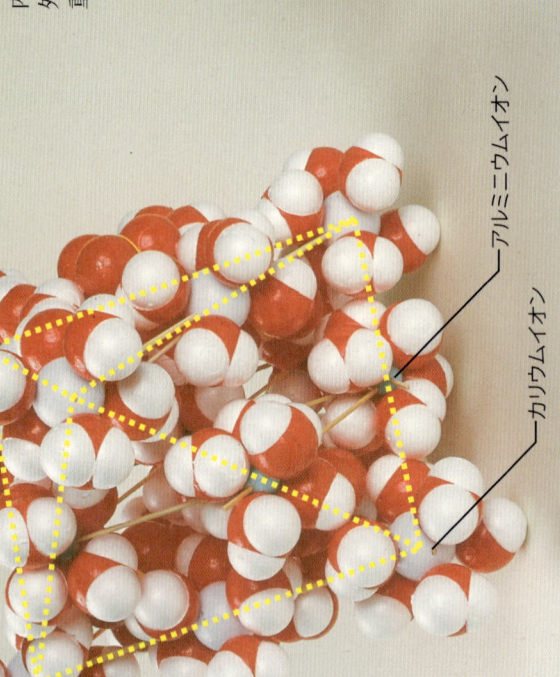

7年もののミョウバンの結晶
内側の紫色がクロムミョウバン、外側が透明のカリミョウバンの混晶。重さ3kg、一辺16cmの正8面体。

正8面体の頂点にあるカリウムイオン（うす空色）は6個の水分子に囲まれ、アルミニウムイオン（青緑色）も6個の水分子に囲まれています。そして、その隙間に硫酸イオン（隠れていてほとんど見えない）入っているという構造です。

ミョウバンの結晶模型

――アルミニウムイオン
――カリウムイオン

前ページの答え：①食塩，②硫黄（いおう）③石墨（せきぼく）＝グラファイト，④ダイヤモンド

まえがき

　この本は，サイエンスシアターシリーズ〈原子分子編〉の第4巻です。この巻では，この世で一番「もの」らしい物体すなわち，固体＝結晶の世界を見ることにします。

　固体の中の原子・分子は，もちろん目には見えません。それなのに，科学者たちは，「固体を作っている原子や分子はどのように並んでいるか」ということを突き止めることに成功しています。

　そう，固体の中の原子や分子は，きれいに並んでいるのが普通なのです。「分子が乱雑に詰まっている」というような固体はほとんどなくて，大部分の固体は，分子がきれいに配列しているのです。

　石を作っている原子や分子だって，そうです。石を作っている原子や分子は，地球の内部で，高い圧力のもとでうんと高温に熱せられると，バラバラ，つまり液体になります。そして，その液体が少しずつ冷えて固まってくると，その原子や分子はお互いに引っ張りあったり，反発しあったりして，きれいに並ぶようになるのです。しかし，そのまわりに，先に固体になった石があると，その外形はまわりの物の形に合わせなければならなくなります。そこで，内側の原子・分子は規則正しく並ぶけれど，外形はそれほど規則正しくは並ぶことができなくなってしまうのです。

　「固体はほとんどみな原子・分子がきれいに並んだ結晶になる」ということは，身のまわりにある純粋な物質，たとえば食塩や砂

糖やグルタミン酸ソーダ，砂鉄などの粒をじっと見つめると，納得いくでしょう。だから，「結晶の話」というのは，「固体の原子・分子の話」ということになるのです。

　なお，この第4巻の共著者である山田正男さんは，高校の数学の先生です。そこで，その数学力を活かして，この巻の主役となる「ゼオライト」の実体積模型を作っていただきました。こんな複雑な模型は私などには到底つくることができません。それに，山田さん一家は「結晶一家」としても知られていて，山田芳子さんは数年がかりで育てた巨大なミョウバンの結晶を提供してくださいました。

　山田芳子さんは，毎回このサイエンス・シアターに参加されて，とくに「〈不思議なめがね〉をつかえば，原子・分子の動きだって見えるのだ」ということに感動して，これまで7年間も結晶作りに取り組んでこられました。それまで液体だったものから結晶が育っていくのを見つめていると，見えないはずの原子分子の動きが見えるように思えてくるのが楽しくて，止められなくなってしまったそうです。そして，「誰でも失敗せずに，一年中，結晶を育て続ける方法」を見つけるのが面白くなって，ずっと結晶づくりに取り組んでこられたわけです。

　山田芳子さんのように研究に打ち込むのでなくても，結晶づくりは趣味としても楽しい作業になり得ます。そこで，多くの方々が，楽しみごととして，ミョウバンその他の結晶づくりを体験されるよう，おさそいします。

板倉聖宣

(サイエンスシアター「原子分子編」4）固体＝結晶の世界　もくじ

まえがき …………………… 1
実験器具について ……… 6

第1幕　結晶というもの……………………………………… 7
　　　――「微小な粒子の集まり」と結晶

銅の粉と銅の電線　7
三態変化＝分子の集まりの3種類の状態の変化　12
「結晶模型板（クリスタルシミュレーター）」での実験　14
「水分子の結晶」＝氷　19
分子と分子の〈すきま〉の発見　21
金属も結晶か　27
スズ鳴りの実験　29
　おだんごパズルで遊ぼう（名倉弘）　31
　もう一個，詰められますか（板倉聖宣）　32

第2幕　外形の美しい結晶………………………………35
　　　――ダイヤモンド・水晶・方解石，その他

「固体の表面の形」と，内部の原子分子の配列　35
実験セットの中の結晶たち　37
ダイヤモンドの結晶　39
〈ダイヤモンドの正体〉の発見物語　41
「ダイヤモンドの炭素原子結晶説」を証明する実験　44
石墨の結晶模型――炭素原子だけでできている　48

なぞの〈ダイヤモンド〉 50
「水晶」は「水の結晶」か,「水の化石」か 52
「劈開＝へきかい」の実験 55
　新発見パズル（32ページ）の解答 58

第3幕　結晶のでき方・作り方 …………………… 59
　——いちばん昔から役立ってきた結晶＝ミョウバン

天然の結晶と人工の結晶 59
いちばん身近な結晶＝砂糖と食塩の結晶の観察 62
砂糖と食塩の結晶の作り方 64
砂糖と食塩をいっしょに溶かしたら
　　　　　どんな結晶ができるか 68
ミョウバン（明礬）の結晶 71
大昔からのミョウバンの用途 73
ミョウバンの大きな結晶を作ろう 77
ミョウバンはどこでとれるか 78
江戸時代の日本でのミョウバンの生産 80
浅間山の噴火後にミョウバンがとれた 81

> 「原子分子の発見と啓蒙の年表」が第3巻
> 　（117〜139ぺ）に収録されています。

第4幕　分子篩(ふるい)ゼオライト……………………………85
　　　── 1億倍のゼオライトの実体積模型の完成

　　不思議な石・おもしろい石……結晶のいろいろ　85
　　読み物「ゼオライト」の発見物語　90
　　　　クロンステットの発見　90
　　　　ミョウバンとゼオライトの結晶水の実験　94
　　　　スウェーデン語で書かれた「ゼオライト」の発見論文　98
　　　　「分子篩(ふるい)」の発見　101
　　　　1億倍のゼオライトの実体積模型の完成　106
　　　　飛躍的に発展するようになった合成化学の研究　109
　　　　ゼオライトで〈酸素の多い空気〉をつくり出す実験　112

世界最初の，もう1つの実体積模型（山田正男）　117

〈原子分子編〉あとがき ……………………119
〈原子分子編〉謝辞 ……………………125

楽しみごととしての科学……………………127
　　〈サイエンス・シアター〉について

〈原子分子編〉総もくじ ……………………130
　〈原子分子編〉総人名さくいん ……………136

　口絵写真（巻頭カラーページ）
　ミョウバンの結晶 ……………… 1, 4
　ゼオライトの結晶 ……………… 2
　何の結晶かわかるかな？ ……… 2〜3
　氷の結晶 ……………………… 3
　方解石の結晶 ………………… 3

実験器具について

●サイエンス・シアターの会場では，この本にでてくるものはすべて参加者のみなさんが手にとることができるようになっていて，目の前で実験が行われました。参考までに，シアター参加者の方々に手にとっていただいたものの一覧表をまとめておくと，以下のとおりです。なお，アンダーラインの品物は，参加者に持ち帰っていただいたものです。

結晶模型板（クリスタルシミュレーター）／錫の棒／水晶／方解石／ダイヤモンド／ダイヤモンドのイミテーション（ジルコン）／石墨（黒鉛）／雲母／天日塩／砂鉄／ゼオライトとその分子模型（8員環）／ミョウバン／イソブタン・ノルマルブタンの分子模型／水・氷の分子模型／エチルアルコールの分子模型／マイクロメーター／銅粉／水銀／食塩／砂糖

●仮説社で入手可能なもの
分子模型（1億倍の実体積模型，硬質プラスチック，由良製作所）空気の分子セットのほか，各種あります（第2巻を参照）。

ゼオライト
　完成品　　　　　　11万4450円
　パーツのみ　　　　9万1350円
　8員環　　　　　　　3465円
氷　　　　　　　　　　3780円

また，分子模型関連グッズでは，
分子模型ストラップ水　　315円
原子の立体周期表　　　　367円
分子カードゲーム
「モルQ」　　　　　　　1365円
分子カルタ「モルカ」　1575円
などがあります。また，3巻で紹介した白金類も取り扱います。

白金線（10cm）　　　　　時価
白金黒（1g）　　　　　　時価

価格は2012年8月末現在の税込表記，別途，送料がかかります。送料は，本体合計3000円までが300円，6000円までが400円，9999円までが600円，1万円以上は無料。電話・FAX・E-mail等（奥付参照）でお申し込みください。

仮説社　　TEL.03-3204-1779

第1幕

結晶というもの

「微小な粒子の集まり」と結晶

銅の粉と銅の電線

　固体というのは〈原子や分子〉という粒子の集まったものです。しかし，粒子がただ集まっているだけのものではありません。第一，ただの〈粒子の集まり〉だったら，少し力を加えただけで，その形がくずれてしまいます。そういう〈粒子の集まり〉は，「固体というより，液体に似ている」といったほうがいいでしょう。固体というのは，粒子（原子や分子）同士が，相互にしっかりと結びついているものなのです。だから固体は，簡単には形が変わらないのです。

そこで、この巻では「ものの中のほうにある原子」と、その結びつき方を見ていくことにします。

まず、こんな問題はどうでしょう。

〔問題１〕　銅の粉は電気を通すか

銅線はとてもよく電気を通します。そこで、３ボルトの電池に豆電球をつないで、その電線の途中に銅でできた10円玉をはさむと、豆電球は明るくつきます。

それなら、電線の両端を10円玉につなげる代わりに、銅の粉の中にいれたら、豆電球は明るくつくでしょうか。

予　想
　ア．明るくつく。
　イ．暗いけれどつく。
　ウ．つかない。
どうしてそう思いますか。

銅粉

銅という金属は、電気をとてもよく通すので有名です。

しかし、銅の粉の集まりの場合は、粒つぶ同士でつながっているといっても、つながっているのは、次の図のように、ほんの小さな点だけです。そのため、電気が通りにくくなっ

ているかも知れません。そのことも考えて予想をたてたらどうでしょう。

　みんなの予想をだしあってから，実験してみましょう。

　　「電流が流れにくくなって，暗くなるんじゃないかな」
　　「銅は自由電子がいっぱいある金属なんだから，つくと思う」

どうなんでしょうね。それでは，実験です。

　　「アレッ，つかない」
　　「豆電球が切れているんじゃないの？」

そんなことはありません。

　豆電球はまったくつかないのです。念のため，テスターで，この銅粉と銅線の電気抵抗をはかってみましょう。

　まず，この銅線の抵抗をはかると，……0オームです。

　それなら，この銅粉はどうでしょう。……無限大です。

　銅線の抵抗は0オームなのに，銅粉の抵抗はこのテスターでは計れないぐらい大きいのです。

　銅は金属の中でも，銀についで電気をよく通すものとして有名なのに，その粉末は電気を通さないのです。

第1幕　結晶というもの

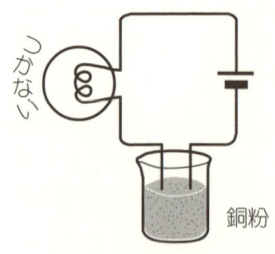

つかない

銅粉

ほんの少し接触しているだけでは、電気はほとんど流れない

いくら電気を通しやすい金属でも、その金属同士がほんの少ししかつながっていないと、ほとんど電気を通さなくなってしまうのです。アルミニウムの粉末でも同じことです。

銅やアルミニウムは、銅原子やアルミニウム原子が集まってできています。ところが、それらは〈目に見える粒子の集まり〉のように原子同士が点で接触しあっているのではなくて、「原子全体がくっつきあっ

銅粉の集まり（100倍に拡大）

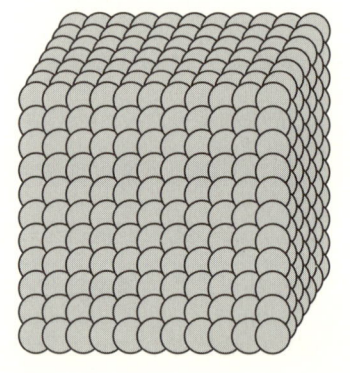

銅原子の結晶（2000,0000倍）

※銅粉に比べて銅原子はずうっと小さい。
　左の銅粉の図に銅原子を書き込もうとしても、小さすぎて書けない。

ている」といっていいほど，全面的にくっつきあっているのです。そこで，ただの〈目に見える粒子の集まり〉とはまったく違う性質を示すのです。

次に，こんな問題はどうでしょう。

〔問題２〕　液体の金属＝水銀で実験したら？

ここに「水銀」があります。液体ですが，銀や鉄のように銀ピカに輝いているので，金属の一種です。

それなら，〈豆電球と電池の回路〉の途中の電線の両端をこの水銀の中に入れたら，豆電球は明るくつくでしょうか。

予　想
ア．明るくつく。
イ．暗いけれどつく。
ウ．つかない。
どうしてそう思いますか。

水銀

それでは，実験してみますよ。

「あっ，ついた」「明るくついた」

そうです。水銀は，金属光沢をもっているだけのことはあって，電気をよく通すのです。

水銀は〈銀を水にとかしたもの〉ではありません。水銀も，

ほかの金属と同じように，〈水銀の原子〉が集まってできています。その〈水銀の原子〉同士は，〈銅やアルミの粉末〉とはちがって，引っ張り合い，くっつきあっています。そこで，ふつうの金属と同じように電気をよく通すのです。

銅やアルミニウムも，熱したら液体になりますが，水銀と同じように電気をよく伝えます。水銀も零下39℃以下に冷やすと固体になりますが，それでも電気をよく通します。

三態変化＝分子の集まりの3種類の状態の変化

「空気中の水の分子＝水蒸気の状態の水分子」は，窒素分子や酸素分子と同じように，空中を猛烈な速度でとびまわっています。ところが，その速度がある程度以上おそくなると，相互に引っ張りあって空中には飛びまわれなくなり，かたまります。つまり，「液体の水分子の状態」になるわけです。

それでも，「液体の水分子」はまったく動かないわけではありません。「互いにはなればなれにならない範囲内」で，動きまわりつづけています。そこで，その表面は，第1巻で実験した「振動している砂の集まり」のように，表面が平らになったり，ものを浮かせたり，沈めたりするわけです。

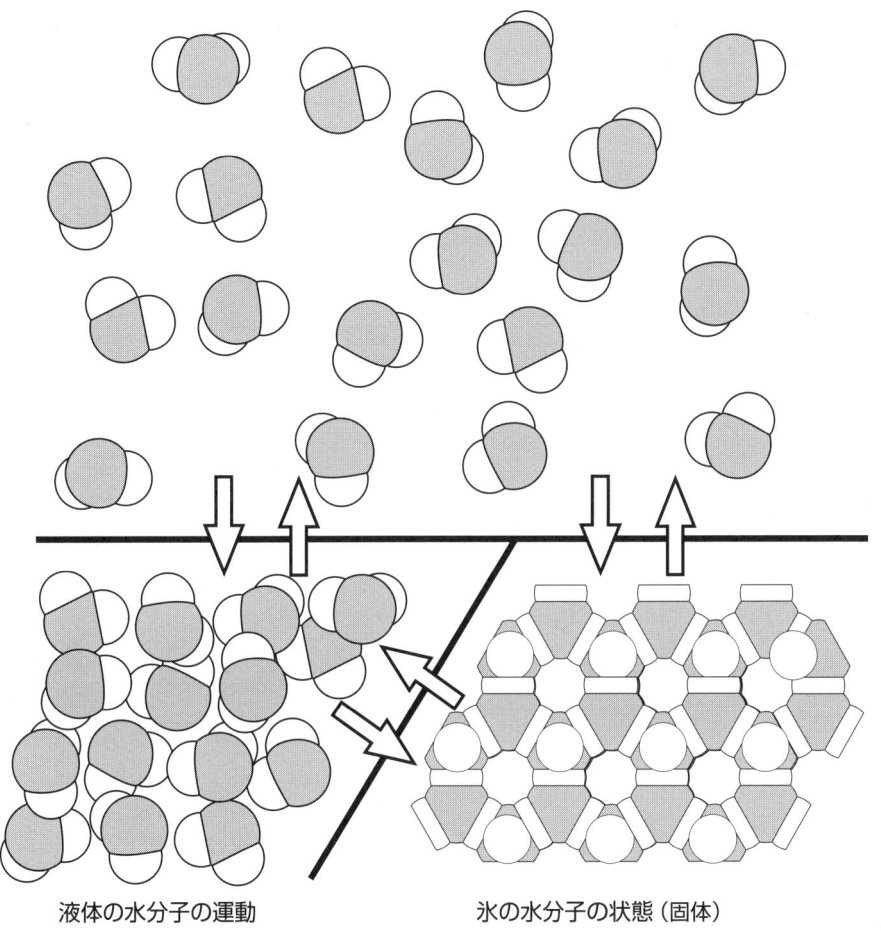

水の三態変化

しかし、その分子の速度がもっと遅くなると、もう勝手に動きまわらなくなって規則正しく並ぶようになります。そして、その位置で振動するだけになります。

前のページの図のように変化するわけです。

「結晶模型板（クリスタルシミュレーター）」での実験

分子は、液体のときには勝手に動きまわっています。ところが、それが固まると、規則正しく並ぶようになります。それなら、どうして規則正しく並ぶのでしょうか。

それは、分子同士が引き合うからです。しかも、一つひとつの分子の大きさと形がまったく同じで、引き合う力も同じなので、自然に規則正しく並ぶようになるのです。

第3巻で、「一円玉を水に浮かばせたとき、たくさんの一円玉をどんどん浮かべていくと、それらの一円玉は自然にくっつきあって、きれいに並ぶ」という実験をやったのをおぼえていますか。あれも、一円玉の大きさと形がみんな同じで、しかも、水の表面から同じ力を受けるので、みんなきれいにならぶというわけです。

ここに、私たちが「結晶模型板（クリスタルシミュレーター）」

結晶模型板(クリスタル シミュレーター)

と呼んでいる実験道具があります。とても小さなステンレス球をたくさん,2枚のアクリル板のあいだに封じこめたものです。このステンレス球は完全にまん丸で,その大きさは正確に直径が1ミリメートルにできています。このように小さな球の大きさを完全に揃えて作るのには費用がかかるそう

で，かなり高価なのですが，「原子や分子が並ぶときの状況を観察するのに便利な道具」として，とくに製作してもらったものです（これはもともと，1971年に「美の結晶モデル，アトミックス小球」として発表されたものだそうです）。

　前のページの写真は，この「結晶模型板(クリスタルシミュレーター)」をほぼ実物大に写したものですが，この中の小さな粒子を見てください。上のほうに少し，ばらばらになったものがありますが，下のほうには，粒子がきれいに並んでいるのが見えるでしょう。その粒子同士は引っ張りあってはいないのですが，重力の作用をうけて下に落ちあうとき，とても整然と並ぶのです。

　「本当の原子や分子が，このように整然と並んだもの」を「結晶」といいます。じっさい，私たちのまわりにある固体——石や鉄などの中の原子や分子は**みな**，このようにきれいにならんでいるのです。

　整然と並んだ粒子の集まりの上のほうで，少しずつ離れて浮いた形になっている粒子もあります。これは，アクリル容器の中で動いていたときに起きた静電気のために，アクリル板に付着して落ちてこないのです。そこで，その粒子たちも下に落としてやりたかったら，静電気を取り除いてください。手のひらなどで，アクリル板を軽くこすっただけで，静電気

の大部分を取り除くことができます。そうすれば，全部は無理でも，大部分の粒子は下に落ちてくるでしょう。

　もしかすると,「浮いている粒子を見ているほうが楽しい」という人もいることでしょう。容器を少し左右に揺り動かすとさらに静電気が起きて，宙に浮いた粒子の数がふえます。

　下のほうに整然と並んだ粒子の集まりを，もう一度よく見てください。全部の粒子が一つのかたまりとなって整然と並んでいますか。おそらく，そんなにきれいに並んでいることはないでしょう。たいていは，何カ所か整然とした配列がくずれて，粒子がない空間の線が一直線にのびているのが見えたりするでしょう。それを見ても,「本当の〈結晶〉とはちがうな」とは思わないでください。じつは，本当の結晶の中にも，ところどころ，このように〈整然とした配列がくずれているところ〉があるのです。じつは，この「結晶模型板」（クリスタルシミュレーター）のすぐれたところは，そのような「結晶の欠陥＝格子欠陥」のでき方を目に見えるようにしてくれることにあるのです。

　原子や分子が整然と並ぶ様子だけなら，何もこのような道具を使わなくても想像できます。しかし,「その粒子の配列がどこかで一つ狂（くる）ったら，どんなことが起きるか」ということになると，そう簡単には想像できません。そこで，このよ

うな道具を作ると，実際の「結晶の欠陥＝格子欠陥」のでき方を研究するのにとても便利なのです。

　たくさんの粒子が整然と並んでいても，それをまた少し左右に揺らせてやると，格子欠陥の場所や様子が変わります。この「結晶模型板（クリスタルシミュレーター）」を左右にゆすりながら，その変化の様子を眺めてみてください。ずっと見つづけていても，しばらくは飽きがこないと思います。

　写真の下のほうの〈整然と並んだ粒子や格子欠陥〉の様子を見つめるのに飽きたら，もう一度，板を左右にゆすって，表面にある粒子の動きを見つめてください。「下のほうに整然と並んだ粒子」は，たがいにひしめきあっているので，その配置はそう簡単には変わりません。しかし，表面に近い粒子は液体の粒子のように，かなり自由に動くのが分かるでしょう。その表面より上の粒子はもっともっと自由に動きまわって，まるで気体の分子のようにも見えるでしょう。

　板を左右にゆするのをやめても，上のほうに浮かんでいる粒子が残りますが，その粒子の相互の距離はほぼ同じになっていませんか。気体の分子の運動を一瞬止めてみたら，こんな具合に見えるかも知れません。

「水分子の結晶」＝氷

「氷」というのは,「水分子の結晶──整然と並んだもの」です。

水の分子は，酸素原子 1 個と水素原子 2 個からできていますが，その 3 個の原子は一直線に並ばずに，「へ」の字のように曲がっています。しかも，水分子の中の水素原子は酸素原子とくっつきやすいので，あまり動きまわらなくなった水分子同士は，下（右）の図のようにくっつきあいます。水分子は結晶になるとき，六角形に並ぶのがふつうなのです。

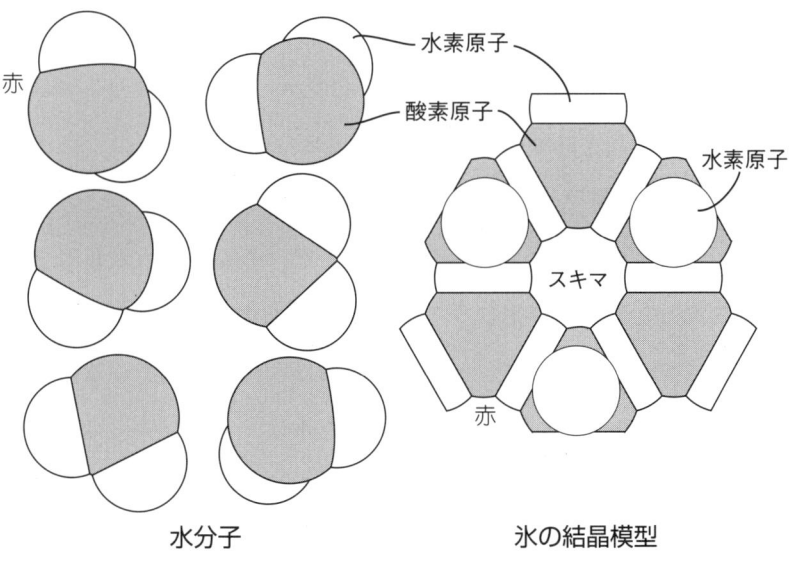

水分子　　　氷の結晶模型

雪の結晶

「氷の結晶」というと，たいていの人は「六角形の形をした雪の結晶の絵」を思い浮かべます。じっさい，雪はみんな六角形を基本とした形をしているのです。

雪の結晶の外形が六角形状になるのは，もともと雪＝水の分子が六角形に並んでいるからです。雪は，まわりに何もない上空で結晶になります。そのあたりには，その内部の構造がそのまま外形に表れるのを邪魔するものがありませんから，きれいな六角形を示すことができるのです。

雪の結晶だけではなく，水分子が結晶になるときは，いつだって六角形を基本の形としています。冬の寒いときにガラス窓に氷が成長することがありますが，そんな氷も六角形を基本とした美しい形になることがあります。家庭にある冷凍庫にできる氷だって，その基本の形は六角形をしているのです。もっとも，冷凍庫の中にいれた水は，完全に凍ってしまうと，その外形はいれものの形になるしかありません。だから，外形には六角形の姿を見せないだけなのです。それでも，

冷凍庫の中で氷のできはじめの様子をみると，六角形の形をしながら凍るのが見えることがあります。

　原子や分子を基本に考えると，「外形が整然とした形をしているかどうか」ということは，あまり重要な問題ではありません。そこで科学者たちは，内部の原子分子の配列が「結晶模型板」の粒子のように整然と並んでいれば，そういう固体をすべて，〈結晶〉と呼ぶことにしています。

分子と分子の〈すきま〉の発見

　19ページの「氷の結晶模型」をもう一度見てください。
　真ん中あたりが空いています。
　水の分子が〈水の状態〉から〈六角形をした氷の状態〉になるときには，いつもこのような形に結合します。そこで，真ん中に空いたところができるのです。
　ということは……。水の分子が液体から固体＝結晶になるときには，その体積がふえることになります。氷を水に入れると浮きますが，それは同じ分子の数でも，氷の体積が水の体積よりふえてしまうからなのです。
　しかし，液体から結晶になるとき，体積が増えるのは，水

ぐらいなものです。たいていの分子は,結晶になると,ぎっしり詰まるように配列されます。すると,隙間がふえるどころか,隙間が減るようになります。そこで,ふつうの分子の場合は,凍る(固体になる)と体積が減って,同じ分子の液体の中でも沈みます。水と氷の方が例外なのです。

　ふつうの水では,たくさんの水分子が互いに引っ張りあいながら,動きまわっています。しかし,水の分子同士は,たがいにくっつき合う傾向が強いので,ふつうの水の中にも,「氷の中の水分子の配列」と似た構造が少しできています。そこで,水の分子の中にエチルアルコールの分子をまぜると,

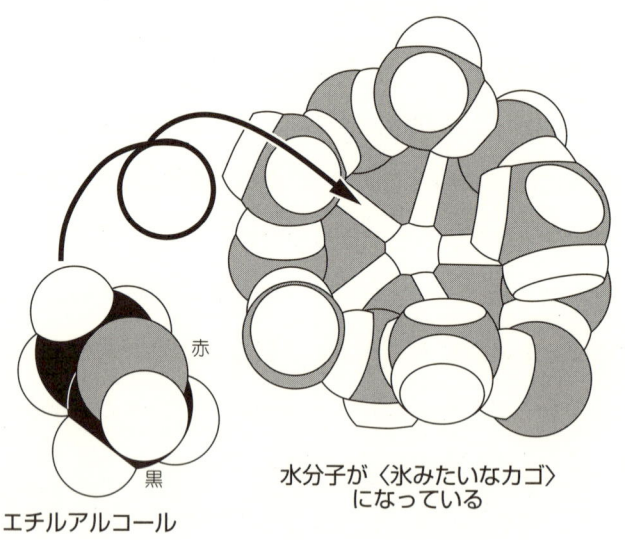

エチルアルコール　　水分子が〈氷みたいなカゴ〉になっている

「不思議なような，当たり前のようなこと」が起きます。

「氷のような形をしている水分子のカゴ」に，エチルアルコール分子の一部がもぐり込むのです。エチルアルコールの分子は，水分子ととても似た性質があって，しかも少しだけ違うので，そういうことが起きても不思議ではないでしょう。

そこで問題です。

〔問題3〕　アルコールと水の体積の足し算

エチルアルコール$50cm^3$に水$50cm^3$を混ぜ合わせたら，その混合液（こんごうえき）の体積はどうなると思いますか。

予　想

ア．$100cm^3$になる。

イ．$100cm^3$よりも減る。

ウ．$100cm^3$よりもふえる。

さて、どうでしょう。

みんなの予想をたててから、実験してみましょう。

「増えたり減ったりするとは思えないなぁ」

「でも、水分子の隙間(すきま)にエチルアルコールの分子が入り込むとしたら、体積が減るのかなぁ」

それでは、実験です。

「あれれ、本当に100cm³になってないよ」

「水を移しかえるとき、少し残ってしまっただけではないのかな」

「少しは残ってるけれどさぁ、これ、98cm³ぐらいにしかなっていないんだよ。2cm³も少ないんだよ。いくら何でも、そんなに水が残っていないよ」

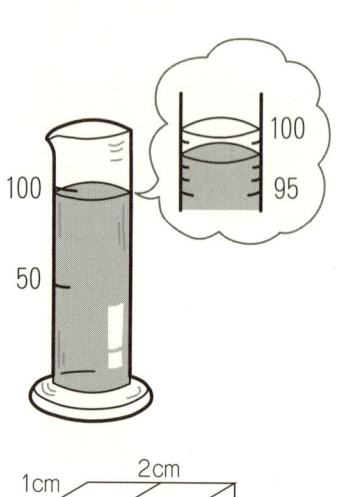

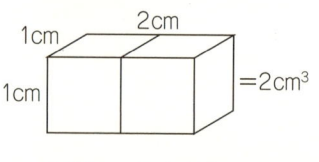

100cm³にならない？

「水の一部が前の容器に付着して残ったために、計算通りにならなかったのかも知れない」という心配があったら、こうすればいいですよ。50cm³の水の入った容器を二つ用意し

て，その一方を他方にあけるのです。そのときも「その体積が2cm³も違うかどうか」を調べればいいのです。

「そうかあ。念のためにやっておくか」

「じゃあ，50cm³ずつとって，これを入れるよ」

「ほら，今度はぴったり100cm³になってる」

「だとすると，やっぱりアルコールの分子が〈水分子のカゴ〉の中に入りこんだのか」

そうです。この実験は誰がやっても，いつも「100cm³にはならなくて，98cm³くらいにしかならない」のです。

「それにしても，〈水とアルコールを混ぜ合わせると，その体積は足し算通りにはならない〉なんていうこと，どうして発見されたんですか」

このことを発見したのは，レオミュール（1683〜1757）というフランスの学者です。この人は，数学者で物理学者で冶金（鉱物から金属を取り出して，精製する）学者で，そのうえ博物学者で，昆虫の研究でも有名です。そんな人が，温

レオミュール

第1幕 結晶というもの

度計の研究をしているとき,「温度計に入れる液体の熱膨張率をきりのいい数字にしたい」と思ったのです。そのため,水とアルコールのいろいろな混合液を作っているうちに,「その体積が足し算にならないことを見つけた」というわけです。彼がそのことを発表したのは1731年のことでした。

「そのとき,そのレオミュールという人は,すぐに〈アルコールの分子が水の分子のすきまにはいり込むのではないか〉と考えついたのですか」

そうです。レオミュールの論文には,

「大きさの異なる鉛玉の集まりを混ぜ合わせるときも,小さい玉が大きい玉のすきまに入り込むから,その体積は足し算通りにはならない。この場合もそれと同じで,きっと,液体の分子の間にはすきまが残っていて,小さい分子が大きな分子のすきまに入り込むのだ」

と書いてあります。

1731年といえば,日本では江戸時代のちょうど真ん中ぐらいの時期です。ヨーロッパでも原子や分子を見た人なんかまったくいなかったのに,いろんな実験をもとにして,原子や分子の大きさや〈すきま〉のことまで考えていた人がいたわけです。

金属も結晶か

「先生，〈結晶〉っていうと，ふつう，ダイヤモンドとか水晶とかの宝石ばかりで，みんな石でしょ。金属というのも結晶でできているんですか」

いい質問ですね。動物や植物など，生き物の身体は結晶とはいえませんが，鉱物質のものはほとんど例外なく，結晶といっていいのです。貝殻などは生物が作りだしたものですが，分子がきれいに並んでいます。だから，結晶です。金属も原子がキチンと並んでいるから結晶です。

私たちの身のまわりにある鉱物質のもので「結晶でないもの」で有名なものというと，ガラスがあります。

白金（はっきん）の結晶模型

ガラスだけは分子が整然と並んでいないのです。「結晶でない，分子が整然と並んでないもの」にも，それなりの面白い性質があるので，最近では，そういうものを「アモルファスな物質」といっていろいろ研究されています。

新しいトタン板の表面を見たことがありますか。「トタン

板」というのは，鉄の板に亜鉛をメッキしたものです。亜鉛が酸化すると硬くて美しい表面を作って鉄板を保護するのです。新しいトタン板の表面はとてもきれいなマダラ模様で区切られているのがふつうです。その模様の中では，亜鉛の原子が整然と並んでいるのです。

ところで，金属の原子には，とてもいろいろな種類があります。「青銅＝ブロンズ，白銅，真鍮＝黄銅，ステンレス，ハンダ」など，「合金」といって，二種類以上の原子でできているものもありますが，「金，白金，銀，銅，鉄，アルミニウム，錫，鉛，ニッケル，クロム」などは，みな一種類の原子だけでできています。そういう一種類の原子だけでできている金属の結晶模型は簡単です。

「結晶模型板（クリスタルシミュレーター）」で見られる結晶模型も，一種類の粒子でできているので，金属の結晶は，その模型板で見られるような結晶になるわけです。しかし，「結晶模型板（クリスタルシミュレーター）」で見られるのは平面の結晶模型です。そこで，原子が立体的に整然と並んでいる様子を調べるために，ビー玉や発泡スチロール球で金属結晶の模型をつくってみましょう。

同じ大きさの玉を整然と並べる方法は一通りとはかぎりません。時間があったら，ビー玉や発泡スチロール球を次の図

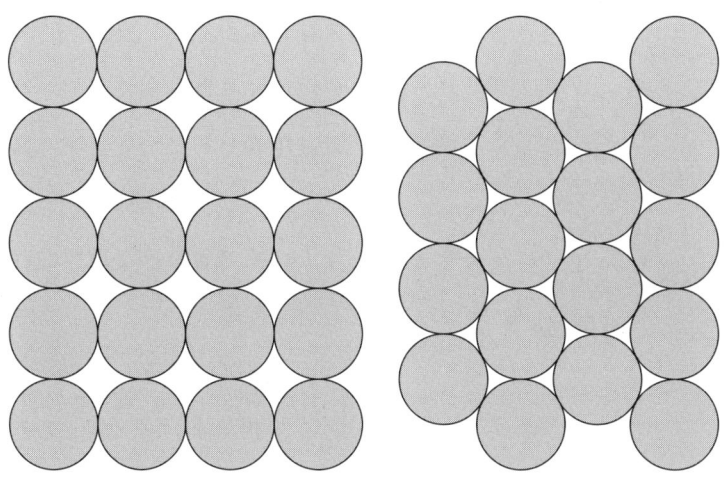

「整然と並ぶ」といっても，その並び方は一通りとはかぎらない

のようにくっつけて，結晶模型を作ってみましょう。

なお，金属の結晶模型に関係したパズルに，「おだんごパズル」と「コイン詰めパズル」という面白い(おもしろ)パズルがあります。31ページのパズルです。あとで，やってみてください。

スズ鳴りの実験

金属の結晶といえば，シアターのとき参加者のみなさんにお配りした実験セットの中には，「細い白金線」のほかに，「少し太いスズ(すず)(錫)の棒」も入れてありました。

スズ鳴り

　スズはわずか232℃で融けます。そこで，ナマリと合金にして，ハンダ付け用のハンダにします。スズは，とても軟(やわ)らかい金属なので，かなり太い棒でも，手で折り曲げることができます。

　じつは，スズの棒をこうやって耳の近くで折り曲げると，「スズ鳴り」といわれる音を出すことが知られています。折り曲げてみれば聞くことができます。

　スズを折り曲げると，どうしてそんな音をだすのだと思いますか。

　「スズの結晶の配列がこわれる音なんですか」

　そうです。「スズの原子の結晶面がたがいにずれて音を出す」といっていいのです。この金属は，簡単に結晶面の配列がずれるので，とくに軟らかいのですね。

おだんごパズルで遊ぼう

名倉　弘（わかば科学クラブ）

　直径2〜2.5cmの発泡スチロール球を20個用意します。
　また，焼き鳥用の竹串（つま楊枝だと，少し短い）を用意し，それを球の穴にさしこんで，
　A型　4個つないだものを2本
　B型　2列の6個つなぎを2組
の2種類作ります。

〔問題〕
　この（AB）4つの串だんごをうまく組み合わせて，右図のようなピラミッドをつくってみてください。
　また，できた人は，できなかった人が読んでうまく組み立てられるような説明文を，100字以内で書いてください。もちろん，絵を描いたり，口で説明してはいけません。

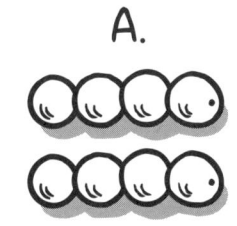

A.

B.

ピラミッド型を
作ってみよう

『ものづくりハンドブック2』（仮説社）より転載

新実験　もう一個，詰められますか

板倉聖宣

　これは私が発見したのではありません。国際物理教育学会を日本で開催する準備のために来日した，アメリカのオハイオ州立大学のレオナルド・ジョセム（E. Leonard Jossem）さんが私の研究室に来たときに教えてくれたものです。

　ジョセムさんは，私が英語の会話がまるでダメということを聞き知っていたので，簡単な実験をいくつか持ってきてくれて，私に見せてくれました。これなら言葉なしでも国際交流はできるというわけです。その時，私が見せてもらったいくつかの手品的な実験のうちの一つだけを紹介します。

　まず，同じ大きさの丸，たとえば一円玉や十円玉を41個用意します。そして，そのうちの40個を紙の上にのせ，図のように，横に5個ずつ8列になるようにきれいに並べます。そして，全体を囲む長方形を書きます。一円玉なら直径がちょうど2cmですから，10×16cmの長方形を書けばいいわけです。

道具はこれだけです。

プラスチック製の名刺入れと小さいビー玉があれば，5×8個のビー玉がぴったり入って一番いいのですが，なくてもいいのです。さて，問題は，

> この40個のコイン，またはビー玉を一度全部取り出して，また同じ長方形（または名刺入れ）に詰め直すとき，コインまたはビー玉を1コ増やして41個詰めることができますか。

というのです。もちろん，コインやビー玉を重ねたり壊したりしてはいけません。長方形の形を変形してもいけません。

さて，どうですか。「コインやビー玉ははじめからぎっしり詰まっているので，それをもう1個増やして詰めることなんてできっこない」とも思えます。しかし，それが不思議なことに立派にできるのです。ひとつ，自分で手を動かして考えてみてください。

じつは，この問題は単なるパズルの問題ではありません。物理学や化学の基礎になっている結晶学の基本問題の一つともいえるので，理科や数学の問題として，学校でも真面目に考えるに値する問題ともいえるものです。

結晶学では，「球状の原子がもっとも密に詰まった結晶構造」を「最密構造」といいますが，これはその応用でもあるわけです。

さて，どうでしょう。
　答をここに書くと，「せっかく自分ひとりで考えようとしているのに」と，叱られるおそれがあるので，答は，58ページに書いておくことにします。

　さて，できましたか。
　できてみると，1個余計に詰めたのに，前よりもかえって隙間が増えたようにも感じられるので不思議です。
　じつはこの問題，コインを2等分してもよいとすると，1個に加えて，さらに4個分のコインを余分に詰められるようになります。そのため，はじめのコインの配列を5×8とせずに，10×8として長方形に書いておくと，80個のコインに2個に加えて，さらに4個，つまり合計6個を加えても詰めあわせることができるようになるのです。
　なお，ジョセムさんはこの問題のために小さな円盤を持ってきていました。この問題をコインでやったり，ビー玉と名刺入れでやったりしたのは私の創案です。科学の問題でも歴史の問題でも，「なんとかコインやビー玉などの球体で実験できるようにしてしまおう」というのは，どうやら私の得意とするところになってしまっているようです。
　最密構造については，私の書いた『(仮説実験授業記録集成②) 結晶』(国土社，品切)の口絵と93〜98ページにくわしく書いてありますから参考にしてください。

『ものづくりハンドブック1』(仮説社) より転載

第2幕

外形の美しい結晶

ダイヤモンド・水晶・方解石，その他

「固体の表面の形」と，内部の原子分子の配列

　これまで私は，「結晶」という言葉を，「固体の中身の原子分子が整然と並んでいるもの」と説明してきました。しかし，その話を聞いて，不満に思った人も少なくないことでしょう。たいていの人は，「水晶やダイヤモンドのように，外形の美しい石でなければ，結晶ではない」と思っているからです。

　じつは，100年以上前には，科学者たちも，「固体の表面が平らな面で囲まれていて美しく見える石」だけを「結晶」と呼んできたのです。しかし，そういう「結晶」をくわしく研究

してみたら,「表面が平らな面で囲まれているもの＝結晶は,みなその内部の原子分子も整然と並んでいるらしい」ということに気づくようになりました。

　大昔から「結晶」と呼ばれてきたものだって,外形の一部または大部分がこわれているものがたくさんあります。それで,結晶をくわしく研究してきた人びとは,「その外形＝見かけだけで,それが結晶かどうかを決めるのはよくないのではないか」とも思っていたのです。そしてその後,固体の内部の原子分子の様子まで分かるようになると,「大部分の石や金属の内部では,原子分子が整然と並んでいる」ということになってきたので,「外形はどうでも,内部の原子分子が整然と並んでいるものは,全部〈結晶〉と呼ぶことにしよう」と考えるようになったのです。

　「内部の原子分子が整然と並んでいるもの」は,その配列がそのまま外形にまで現れても不思議ではありません。しかし,金属はふつう,熱で一度融かしたものを別の容器に流し込むので,その外形は容器の形によってきまってしまうのは当然のことです。冷凍庫の容器にいれた水の分子がいくらきれいに並んでも,その外形は容器の形によってきまってしまうようなものです。地下で熱せられて融けた鉱物が固まると

きだって,そのとなりに先に固まった石があれば,その形が自由にならなくても仕方がありません。

　鉱物だって,まわりの鉱物が固まる前に一番先に固まったものや,まわりが気体で,かなり自由に成長できるときにだけ,外形が美しくなるのです(博物館にあるようなみごとな結晶は,地下の空洞(くうどう)の中に成長した結晶です)。

　しかし,いくら「外形はどうでもいいのだ」といっても,整然とした様子が誰の目にも明らかなのは,大昔から「結晶」と呼ばれてきた宝石のような石です。そこで,こんどは,大昔から「結晶」と呼ばれていたものについて,その性質をしらべてみることにしましょう。そういう「外形の美しい結晶」をしらべるだけでも,結晶のだいたいの性質が分かるからです。

実験セットの中の結晶たち

　シアターのときの参加者にお配りした実験セットの中には,「外形の整然とした結晶」をいくつか入れてありました。ただし,「とくに美しくて大きい結晶」となると,とても高価になることがあるので,この実験セットの中に入れたのは,あまり大きくも美しくもないけれど「これも確かに結晶だな」

と思えるようなものです。それに，あまり立派な結晶だと，たたいて壊したり，燃やしたりするのがもったいなくなってしまいます。そこで，ときには気軽に壊してみることもできるように，ごくありふれた結晶を入れたわけです。

　さて，みなさんの実験セットの中に入れてあったものは，

①ダイヤモンドの結晶（人工）。
　〔付録〕キュービック・ジルコニアの結晶。
②黒鉛＝石墨の結晶。　　⑥天日塩の結晶。
③水晶の結晶。　　　　　⑦明礬の結晶（人工）。
④方解石の結晶。　　　　⑧砂鉄＝磁鉄鉱の結晶。
⑤雲母の結晶。

と，何と8～9種類もあります。

　これらの鉱物は，あまり「美しい」とはいえないかも知れませんが，どれにも表面の平らなところが見えます。それが結晶である証拠なのです。中のほうの原子分子が整然と並ぶと，それが外形にまで表れるのです。ここで，その一つひとつの結晶について，簡単に説明しておくことにしましょう。

ダイヤモンドの結晶

　「実験セットの中にダイヤモンドの結晶が入っている」と聞くと，驚く人が多いでしょう。ダイヤモンドはとても高価な宝石として有名だからです。しかし，セットの中に入っているのは，ごくごく小さな人工結晶です。その代わり，1辺が1ミリメートル以下の小さな結晶が50〜100個も入っています。とても小さくても，光をあててみると，表面がきらきら輝くのが分かるでしょう。小さくても立派なダイヤモンドなのです。

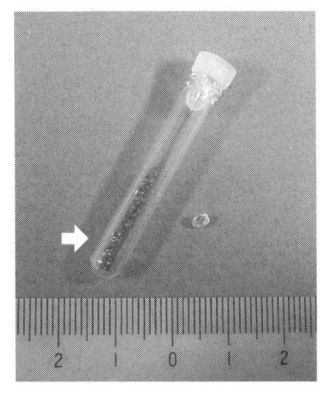

ダイヤモンドの人工結晶

　ダイヤモンドは「光の屈折率（くっせつりつ）」がとび切り大きいので，とてもよく光を反射して美しい宝石になります。しかし，いまでは，そのダイヤモンドの結晶だって人工で作れるのです。まだそれほど大きなものは出来ないようですが，工業的に使うには十分な大きさのものが作られています。

　それなら，ダイヤモンドは何でできているのでしょうか。

　もう知っている人もいるでしょうが，ダイヤモンドは炭素

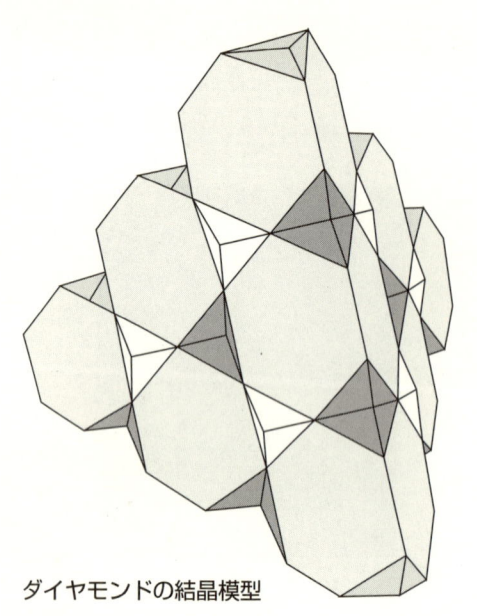

ダイヤモンドの結晶模型
炭素原子がお互い食い込むようにしっかり結合しているので、炭素原子の丸い部分が見えない（49ページのグラファイトの模型も参照）。

原子だけでできているのです。図のように，炭素原子がしっかりと結合しあっているので，あんなに硬く，また美しい形になるのです。

でも，「〈ダイヤモンドが炭素原子だけでできている〉なんて信じられない」という人もいることでしょう。たしかに，「あの黒い木炭と同じ原子だけでできている」なんて，とても信じがたいですね。しかし，いまでは「技術者たちは，炭素原子だけでダイヤモンドを作っている」というのですから，信じないわけにはいきません。

「でも，〈ダイヤモンドは炭素原子だけでできている〉なんていうことは，どうして分かったのですか」

いい質問ですね。どうして気づいたと思いますか。そこで，その話を少しくわしくすることにしましょう。

〈ダイヤモンドの正体〉の発見物語

　じつは,「ダイヤモンドは炭素原子でできている」ということは, 一度に発見されたのではありません。その前にまず,「ダイヤモンドは燃える」ということが発見されたのです。
　　「えっ！　ダイヤモンドを燃やして実験した人がいるんですか」
　いや, 最初はわざわざ燃やしたりはしなかったでしょうね。
　　「そうか, 火事だよ, 火事。火事で家が燃えたりしたとき,〈燃えたあとすぐにダイヤモンドを探したら, 無くなっていた〉という事件があったんじゃないの」
　おそらくそうでしょうね。
　　「盗(ぬす)まれたっていう可能性もあるでしょ」
　　「だけど, 他の宝石類は残っていたり, ダイヤモンドをとりつけてあった金の台が残っていたりすれば,〈ダイヤモンドだけが盗まれた〉とは考えにくいじゃない」
　そうですね。おそらく, そんなことがあったのでしょうね。C.エンツェルト（1520〜1586）という人が1557年に出版した『鉱物論』という本には, もうダイヤモンドを「燃える鉱物」の中にいれてあるそうです〔パーティントン『化学の歴史』第2

ボイル

巻（1961）65ぺ〕。それに，イギリスの有名な科学者のボイル（1627～1691）も，ダイヤモンドを燃やす実験をしていたということです。そのほかにも何人もの人びとが，ダイヤモンドをうんと高温で熱する実験をしたということです。

そこで，英国の大物理学者のニュートンも，『光学』（1704初版，1730 4版）という有名な本の中で，ダイヤモンドについて「おそらく凝固したアブラ質の物質である」と書いていました。

「そのころはまだ，〈ダイヤモンドは燃えてなくなる〉ということだけ，知られていたわけですね」

いや，その頃は，「ダイヤモンドは本当に燃えるのか」ということも確かになっていなかったようです。ただ，「ダイヤモンドを熱してうんと高温にすると，なくなってしまう」ということしか分かっていなかったのです。

「実験しても，燃えたかどうか分からなかったんですか」

そうです。ダイヤモンドは熱しても，炎をだして派手に燃えるわけではありません。そこで，「赤熱して，最後には無く

なってしまう」ということしか分からないのです。科学者たちの間でも「燃えるのか燃えないのか」について意見が分かれていました。

そこで，フランスの科学者たちは，1772年に，その論争に決着をつけようと思って実験しました。マッケ（1718～1784），カデー（1731～1799）と，のちに「近代化学の父」と呼ばれるラヴォアジェ（1743～1794）です。E.グリモー著・田中・原田・牧野共訳『ラボアジェ 1743～1794』（内田老鶴圃, 1995, 68～9ペ）によると，3人は，ダイヤモンドを木炭で覆って土製のパイプに入れ，そのパイプをさらに石灰石を十分詰めたルツボ2個に入れ，空気が入らないぬようにルツボの合わせ目を粘土で封をしました。そして，それをうんと強く熱したのです。

マッケ

ラヴォアジェ

さて，その結果は，どうなったでしょうか。

第2幕　外形の美しい結晶

ダイヤモンドはまったく変化しませんでした。ダイヤモンドは空気と接触しなければ消え失せることはなかったのです。ということは，どういうことでしょうか。「他の人びとの実験でダイヤモンドが消えて無くなったのは，ダイヤモンドが高温の空気と触れたからだ。空気にふれて燃えてなくなったのだ」というのです。

　しかし，彼らがその実験結果を発表しても，それまで，「ダイヤモンドを高温に熱すると無くなってしまうのは，燃えたのではない。蒸発してなくなったのだ」と主張していた人びとは納得しませんでした。この，反対派の人びとの言い分も，もっともといえるでしょう。3人の実験は，「ダイヤモンドは本当に燃えて二酸化炭素となって空気中に逃げたのだ」ということを直接的に証明したものではなかったからです。

「ダイヤモンドの炭素原子結晶説」を証明する実験

　「ダイヤモンドを強く熱すると，燃えて二酸化炭素になる」ということを直接証明してみせるのに成功したのは，あの笑気を発見した英国の大化学者のデーヴィーでした（笑気については第2巻参照）。

デーヴィーは，数かずの大発見をしたあと，1813～14年に助手のファラデーを連れて，ヨーロッパ大陸に研究旅行をしました。そのとき，旅先でも多くの化学者たちの前で実験をして，たくさんの新発見をしました。そんなデーヴィーですから，イタリアのフィレンツェ市についたとき，その市の〈実験アカデミア〉には大きな〈陽とりレンズ〉(凸レンズのこと) があることを知って喜びました。「その大きなレンズを使えば，ダイヤモンドを燃やす実験ができるかも知れない」と考えたからです。

　これまでの多くの人びとの実験がうまくいかなかったのは，ダイヤモンドを燃やしたとき，燃えた結果できる気体を捕まえることができなかったからです。当時の技術では，密閉したガラス容器の中のダイヤモンドを燃やすのにいい方法がなかったのです。しかしデーヴィーは，「大きな凸レンズを使って，酸素をつめたガラス容器の中のダイヤモンドの上に太陽の光を集めて強熱したら，燃えるかも知れない」と考えついて喜んだのでした。

　彼はその巨大なレンズを借りることに成功すると，まず，

大凸レンズによる燃焼実験（ラヴォアジェの実験光景図）

　ガラス容器の中にダイヤモンドを入れて，その中に酸素ガスをつめました。そして，巨大なレンズの光を〈ガラス容器の中に置いたダイヤモンド〉の上に集めました。

　じつは，今でも，地上でもっとも高い温度を作りだすには，「太陽光線を一点に集める」という方法がもっとも効果的なのです。こうして，彼の実験は見事に成功しました。

　彼が，その大レンズで酸素ガスの中のダイヤモンドに光をあてると，ダイヤモンドは赤く輝いて，だんだんと減り始めました。そして，いちど真っ赤になってからは，レンズの光を当て続けなくても，赤く光り続けました。ダイヤモンドはいちど燃えはじめたら，とてもとても静かに燃えつづけたの

です。煙はまったく出ませんでした。また，いちど燃えはじめたダイヤモンドを冷やして火を消したあと，燃え残りのダイヤモンドを見たら，曇(くも)ってはいたけれど，黒くはなっていませんでした。

　ダイヤモンドが完全になくなると，デーヴィーはすぐにガラス容器の中の気体の性質をしらべました。するとどうでしょう。その気体を石灰水の中に通したら，白い沈澱(ちんでん)が生じたではありませんか。「石灰水に気体を通したとき，白い沈澱を生ずるもの」といえば，二酸化炭素以外にはありません。そこで彼は，「ダイヤモンドは燃えて二酸化炭素になった」と結論したのでした。

　さて，「ダイヤモンドは，ガラス容器の中の酸素ガスと結びついて二酸化炭素になった」となったら，「ダイヤモンドは炭素でできている」と考えるよりほかなくなります。つまり彼は，旅先の実験で世界で最初に「ダイヤモンドは炭素原子でできている」ということを確定することに成功したのです。

　私たちは，このシアターの予備実験のとき，ダイヤモンドを電気で加熱して，それを燃やすことに成功しています。

第2幕　外形の美しい結晶

石墨の結晶模型——炭素原子だけでできている

「炭素原子だけの結晶」といえば,ダイヤモンドのほかに「石墨(せきぼく)＝黒鉛(こくえん)＝グラファイト」があります。

いま私は,「石墨＝黒鉛＝グラファイト」と,三つの呼び名を書きつらねましたが,この三つはまったく同じものです。石墨(せきぼく)で紙の上に字を書くと,鉛筆で字を書くのと同じように書くことができます。じつは,鉛筆の芯の主な原料は石墨なのです。「黒鉛(こくえん)」という名は,「見たところ黒くて,金属の鉛(なまり)に似ている」ということからつけられたものです。また,「グラファイト」というのは,英語をそのまま日本語に取り入れたものです。

石墨

ダイヤモンドと石墨とは,同じ炭素原子だけでできているのですが,見たところはまったく違います。

一方のダイヤモンドは,「無色透明で,世界一硬い結晶」です。ところが,もう一方の黒鉛＝石墨は真っ黒で,とても軟らかで壊れやすいのです。

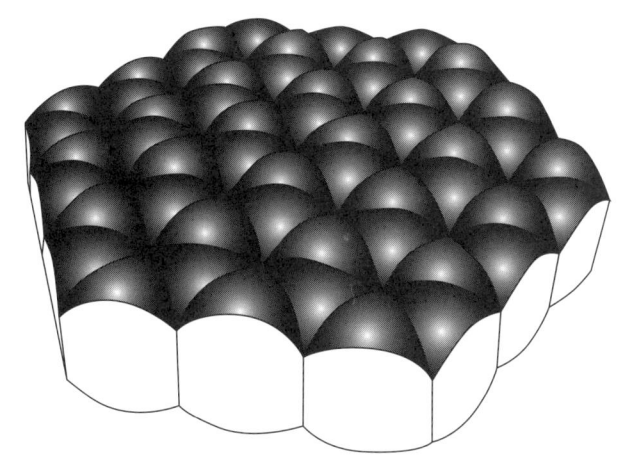

石墨＝黒鉛（グラファイト）の結晶模型

　「同じ炭素原子だけでできている」というのに，どうして，こんなにも違う性質になってしまうのでしょうか。同じ原子でも，その結合の仕方が変わると，こうも性質が異なる結晶になることもあるわけです。

　デーヴィーはダイヤモンドのほかに，石墨も同じようにガラス容器の中で燃やしてみました。ところが，「石墨はダイヤモンドのように燃やすことは困難で，少し水素を含んでいた」ということです。「その他のさまざまな炭も水素を含んでいて，木炭とカンバーランド産の石墨は，塩素の中で強く熱したとき，塩酸を放出したけれど，ダイヤモンドは重さも外見も変化しなかった」ということです〔パーティントン『化

学の歴史』第4巻，1972，61ぺ〕。

なぞの〈ダイヤモンド〉

「ダイヤモンド」といえば，じつは，シアターの実験セットを準備しているとき，ある宝石屋さんから，「こんなダイヤモンドの小さな結晶もありますが，実験用にどうでしょうか。うんとお安くしておきますが」という話がありました。「小さい」といっても，セットに入っているガラス管入りの人工ダイヤモンド（写真は39ぺ右）よりもかなり大きく，しかも，下の図のようにカットしてあって，とてもきれいなものでした。

そこで，「参加者の人びともきっと喜ぶだろうから」というので，実験セットの中に入れる予定でした。

ところがです。サイエンス・シアターのための予備実験をしているとき，「このダイヤモンドを燃やす実験もしてみよう」というので，何回も強く熱してみましたが，何回やっても燃

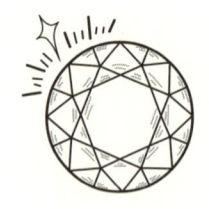

えないではありませんか。そこで，もっと小さな人工ダイヤモンドのほうを燃やしてみたら，うまく燃えました。もう一方のきれいにカットしてあるものは，どうして燃えなかったのでしょうか。あなたはどう思いますか。

　じつは，それは「ダイヤモンドのイミテーション」として売られているものだったのです。堀秀道『楽しい鉱物図鑑』（草思社，1992，140ページ）には，その種の「宝石」のことがつぎのように紹介されていました。

>　「ジルコンは屈折率が高く，無色ないし淡色のものは昔，ダイヤモンドのイミテーションに用いられた。ただし，ジルコンは複屈折性なので，単屈折性のダイヤモンドとはすぐに見分けることができた。ところが近年，ジルコニウムとイットリウムから製造される合成物質キュービック・ジルコニア Cubic Zirconia という単屈折性の新しいイミテーションが発売されて，一時はだまされる業者も出た」

というのです。

　じつは，「そんな〈にせもの〉を実験セットの中に入れるわけにはいかない」というので，はじめは実験セットの中に

入れないことになっていました。しかし,「〈にせもの〉と承知の上で入れておくのも面白いのではないか」という声も高まって,それもセットの中に入れることにしました。「これが〈にせもの〉か」と,眺めてみるのも楽しいでしょう。

「水晶」は「水の結晶」か,「水の化石」か

さて,「宝石の王者」といえば「ダイヤモンド」ですが,結晶の代表というと「水晶」ということなります。なにしろ,英語で「結晶」のことを「クリスタル」といいますが,水晶のことを「ロック・クリスタル」=「結晶の石」というくらいです。

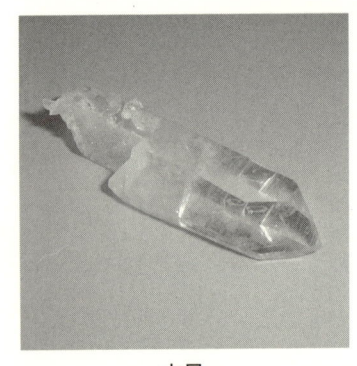

それに対して,中国や日本の昔の人びとは,水晶を「水の結晶」だと思っていました。「水晶」という言葉は,もともと「水の結晶」という意味でつけられたに違いないのです。いや,水晶を「水の結晶」と思っていたのは,昔の東洋人だけではありません。ヨーロッパの科学者だって,昔は「水晶=結晶石は水の化石ではないか」

水晶

と考えた人が少なくなかったのです。

　じつは，いまの子どもたちの中にも，「水晶は水の化石ではないか」とか，「水晶というのは水の結晶ではないか」と考える人がいます。もしあなたの近くにそういう人がいたら，どうやってその間違いを教えてあげたらいいと思いますか。

　　「水の結晶なら０℃で融けるはずでしょ。それなのに，気温が20℃くらいあっても融けはじめないのだから，水の結晶ではないに決まっているでしょ」

　なるほど，それでもよさそうですね。だけど，そんな説明だけでは，きっと納得してもらえませんよ。そういう人は，「同じ原子同士が結合しても，結合の仕方がちがえば，ダイヤモンドと石墨と木炭のように，まったく違う性質をもつものにもなることだってあるじゃないか」と言うに違いないからです。「水晶というのは，地下の深いところで，とても長いあいだ厳しい低温にさらされていたので，水分子同士の結合の仕方が変わって，少しぐらい暖かいところではとけなくなってしまったのだ」というわけです。

　　「そんなことを言われちゃったら，反論の仕様がないのじゃないかな」

　ずいぶん弱気ですね。そんなことじゃ科学者はつとまりま

せん。科学者は「水晶は水の結晶ではない」ということをちゃんと説明しているんですから。

「水晶は水の結晶ではない」ということをはじめて科学的に明らかにしたのは，英国のボイルだといっていいと思うのですが，こういう実験をすればいいのです。——

まず，水晶を熱して融(と)かします。水晶は1710℃まで熱しないと融けませんが，そのことだけでは，「水分子の結晶ではない」とは断定できません。けれども，たとえ「水晶の中で特別な結合の仕方をしていた水分子」でも，熱して融かしてしまえば，同じ水分子になってしまうはずです。そして，こんどは，その「水晶だった水分子」をもう一度凍らせてみるのです。もしも，それがふつうの水分子と同じものだったら，0℃になるまで凍らないはずです。しかし，それは本当の水ではないので，それよりずっと高い温度でかたまってしまうでしょう。そこで，水晶を作っているのは水分子とは違う「水晶＝石英の分子（珪(けいそ)素原子1個に酸素原子2個が結合したもの）」といえるのです。

「原子同士の結合の仕方が違うのは，固体＝結晶のときだけだ」ということに注意すれば，この問題は解けるのです。炭素原子の場合だって，「それまでダイヤモンドを作ってい

た炭素原子」と「それまで石墨(せきぼく)をつくっていた炭素原子」と「それまで木炭やコークスを作っていた炭素原子」とでは，まったく同じなのです。違うのは炭素原子の結合の仕方だけです。

「劈開＝へきかい」の実験

みなさんの実験セットの中に入れた結晶の中には，本当に中のほうまで原子分子が整然と並んでいることが，とてもよく分かるものがあります。割ってみると，原子分子がきれいに並んだ線に沿って割れる結晶です。

方解石(ほうかいせき)は，少し注意深く割ると，いつも同じ形に割れます。方解石を形づくっている分子がどのように規則正しく整然と並んでいるか，何となく想像できるでしょう。

方解石が割れるときのよう

方解石

方解石の結晶を割る

第2幕　外形の美しい結晶

に,「いつもきれいに割れる面」のことを「劈開面」といいます。そして,そのような面のある結晶のことを「劈開のある結晶」といいます。

じつは,食塩の結晶にも劈開があります。少し大きな天日塩を割ると見事です。割るのが少し難しいのですが,うまく割ると,方解石以上にきれいに割れます。方解石や天日塩が手に入ったら,ぜひ割ってみてください。

じつは,ダイヤモンドにも劈開面があります。だから,ダイヤモンドを美しくカットしている職人さんは,そういう劈開面をうまく利用して,「世界で一番硬い鉱物」を加工しているのです。

さて,次は「雲母」です。

雲母は変わった劈開面があるので有名な鉱物です。一つの平行な面でだけ,何枚にも剥がれるのです。みんなで,「どのくらい薄くまで剥がせるか」競争するのも楽しいでしょう。

雲母の劈開

「うんと薄いものの厚さ」を計るには,マイクロメータという便利な道具もあります。できたら,その使い方も教わって計ってみるこ

とにしましょう。もっとも、マイクロメータは、使い方を知らずに乱暴に扱うと、知らぬまにこわしてしまうことが少なくないので、必ず使用法を教わってから計ってみてください。

石墨（せきぼく）も〈劈開面（へきかいめん）〉のある鉱物ですが、全体がこわれやすいので、上手（じょうず）にはがすのはむずかしいでしょう。でも、鉛筆で紙に字を書くというのは、じつは劈開面ではがした石墨を紙になすりつけていることなのです。鉛筆で書いた字をライトスコープ（30倍の簡単な顕微鏡）で見ると、石墨の粒を見ることができます。

マイクロメーター

その他、実験セットの中には、ミョウバン（明礬）の結晶をたくさん入れておきました。ミョウバンをつかって大きな結晶を作る実験は、次の第3幕で取り上げます。

ミョウバン

第2幕 外形の美しい結晶

● 32ページのパズルの解答

このとおり41個

コインを2等分できるなら
このとおり、さらに4個入る

10×8だと86個入る

＊ 「おだんごパズル」は，自分で
ぜひやってみてください。

第3幕

結晶のでき方・作り方

いちばん昔から役立ってきた結晶＝ミョウバン

天然の結晶と人工の結晶

　水晶とダイヤモンドは，大昔から「天然の結晶」として地下から掘り出されてきて，「結晶の代表」とされてきました。しかし，そのどちらも，いまでは工場で大量生産されています。

　ダイヤモンドは美しいばかりでなく，「この世でもっとも硬い物質」といってもいいので，工業的にもとても大切にされてきました。たとえば「ガラス切り」です。ダイヤモンドは昔から，ガラス切りの刃としてなくてはならないものだったのです。最近は，街なかで「回転ノコギリ」を使って，ア

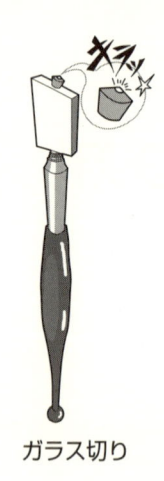

スファルトやコンクリートの道路を切り進んでいるのを目にする機会がふえました。あの「回転ノコギリ」の刃のところには，たくさんの小さなダイヤモンドが埋め込まれているのです。硬い石のような地面を切り取るには，ダイヤモンドのように硬いものでないと，刃がすぐにダメになってしまうからです。

ガラス切り

　前に「英語では水晶のことを〈ロック・クリスタル＝結晶石〉という」と書きましたが，それは，地下から掘り出される外形のきれいな鉱物だからです。科学者は，その「水晶＝結晶石」を作っている物質のことを「クォーツ Quartz ＝石英」と呼んでいます。

　「クォーツって，あの時計に使われているもののこと？」
　そうです。クォーツ時計がはじめて現れるようになったころは，その時計のことを「水晶時計」と呼んでいましたが，今では「クォーツ時計」というのがふつうになっています。あの時計の心臓部には，「水晶発振子」といって，水晶＝石英＝クォーツが使われているのです。

どんな結晶でもそうですが，クォーツの内部では，原子分子がとても規則正しく配列しています。そこで，電気的に振動（しんどう）させてやると，とても規則正しく振動するようになります。水晶時計＝クォーツ時計が現れるようになってから，時計は見違えるほど正確になり，また小さくなりました。

　「そうかあ，それで水晶も工業的に大量生産しているわけですね」

　そのほか，コンピュータに利用されている「半導体（はんどうたい）」というのも，「シリコン」その他の人工結晶を使っています。そう考えると，いまの時代は「結晶時代」といってもいいほどです。しかし，その結晶は，「原子が整然と配列したもの」ですから，「原子時代」といっても，同じことです。

　人工のダイヤモンドや水晶やシリコンを作るには，その原料となる原子にうんと圧力を加えたり，うんと高温に熱してやることが必要です。だから，私たちが同じようにして作ることは出来ません。

　しかし，私たちが比較的簡単に作れる結晶も少なくありません。そこで，私たちの身近にある，そういう結晶のことを研究することにしましょう。

いちばん身近な結晶＝砂糖と食塩の結晶の観察

　じつは，「私たちの身のまわりにあまりにもたくさんあって，ことさら実験セットに入れるまでもない」という結晶があります。そのうちもっとも身近なのは，どの家にもある砂糖と食塩です。

　砂糖と食塩は，どちらも粒が小さいのであまり気づくことがないのですが，よく目をこらして見ると，形がとてもそろっていて，きらきら光って見えたりするでしょう。肉眼では見えにくいのですが，前に使った30倍の簡単な顕微鏡（ライトスコープなど）を使うと，とてもきれいに見えます。

　食塩の粒は，どれも立方体で大きさもよくそろっているの

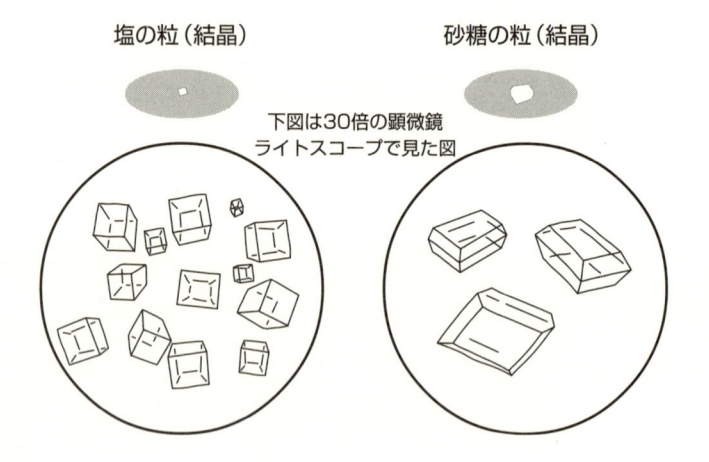

塩の粒（結晶）　　　　砂糖の粒（結晶）

下図は30倍の顕微鏡
ライトスコープで見た図

が分かるでしょう。砂糖の粒はかなり複雑な形をしていますが、みんなそっくり同じ形をしていることに注意してください。「グラニュー糖」といって売っているものは、粒が少し大きくてとくに見やすいのでおすすめです。

　売っている「氷ざとう」の中には、砂糖が見事に結晶したものばかりが入っているものもあります。ふつうは表面に粉のようなものがついていて、あまりきれいには見えないかもしれません。そこで、その表面に少し水をつけると、素晴らしくきれいな形をしていることが分かるでしょう。よく見ると、「みんな同じ形をしている」ということにも注意してください。

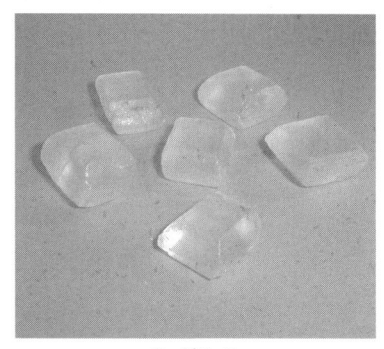

氷ざとう

　「角砂糖」というのは、工場で砂糖を型にいれて押し固めたものですから、きれいな立方体であっても、それは結晶の形ではありません。しかし、グラニュー糖と氷ざとうの形は、かなり複雑な形をしているのに、どちらも全く同じ形で大きさだけが違うでしょう。一度あたためた濃い砂糖水をゆっくり冷やしていくと、その液の中に、自然にその形をした砂糖

の結晶が出てきます。

砂糖と食塩の結晶の作り方

　砂糖と食塩の結晶は，作るのが簡単ですから，誰にでもできます。しかし，大きな結晶になるまでには，とても長い時間がかかります。ですから，サイエンス・シアターの会場では私たちがつくった結晶の見本をお見せして，その作り方を説明することしかできませんでした。

　まず，食塩の結晶の作り方ですが，透明なガラスのコップの中に，できるだけ濃い食塩水を作ります。「できるだけ濃い食塩水」を作るには，はじめに「水に溶けきれない食塩」がコップの底にたまるぐらいたくさんの食塩を溶かします。そして，余分な食塩がみな底のほうに〈沈澱〉してきたら，その上澄みの液だけを別のコップに入れればいいのです。食塩は，水100グラムに35グラムほど溶けるので，食塩の量をそれよりも少し余分にいれればいいわけです。

　その食塩水の入ったコップにふたをして，中の水がまったく蒸発しないようにしておくと，水に溶けた食塩はいつまで

たっても出てきません。けれども、コップにふたをしないでおくと、中の水分だけが空気中に蒸発していきます。すると、食塩水の濃さが増して、それまで水の中に溶けていた食塩が少しずつ出てきます。

食塩は、100グラムの水に35グラムほど溶ける

じつは、食塩というのは「同数の塩素原子とナトリウム原子」とからできているのです。ただし、そのナトリウム原子は＋電気（プラス）をもっていて、塩素原子は－電気（マイナス）をもっています。

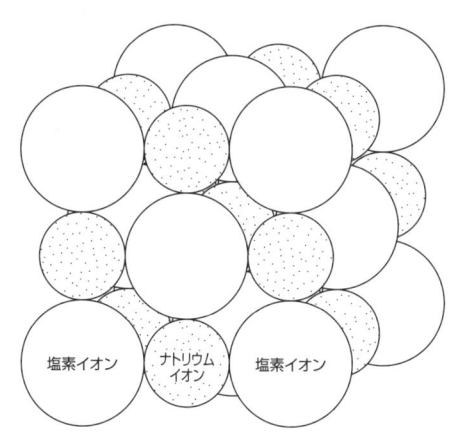

塩素イオンとナトリウムイオンからなる食塩の結晶模型

第3幕　結晶のでき方・つくり方

そして科学者は「電気をもっている原子（や分子）」のことを「イオン」と呼んでいるので,「食塩は,〈同数の塩素イオンとナトリウムイオン〉からできている」といったほうが正確です。

「水に溶けきれなくなった食塩」というのは,原子の見方からすると,「水分子の中に混じっていられなくなった塩素イオンとナトリウムイオン」ということができます。その二種類のイオンは電気的に引き合うので,前のページの図のように規則正しく並びます。これが「食塩の結晶」です。

食塩の結晶は,とくに,できはじめがきれいに見えますから,よく眺めてください。水の蒸発がすすむにつれて,コップの底やふちにいくつもの結晶がどんどんできてきます。コップのふちにできるものは,粒が小さいので,結晶には見えないかもしれません。けれども,コップの底にできるものは透き通っていて,とてもきれいに見えるでしょう。

できはじめの食塩の結晶
（ビーカーの底から見た）

100グラムの水と，400グラムの砂糖

　砂糖の結晶の作り方は，少しちがいます。砂糖は水が熱いときほどよく溶けます。ですから，熱い湯にできるだけたくさん溶かします。

　砂糖は，水の温度が100℃近くになると，100グラムの水（湯）に，なんと400グラム以上もの砂糖が溶けます。けれども，20℃だと，100グラムの水に200グラムぐらいしか溶けません。そして砂糖水の温度がだんだんと下がってくるにつれて，溶けきれなくなった砂糖が結晶となって，コップの底や液の表面に出てきます。

できはじめの砂糖の結晶
（底の方に1粒見える）

　砂糖水の表面では，とくに

第3幕　結晶のでき方・つくり方　　67

20日目の砂糖の結晶

温度の下がり方が速く，水分も蒸発するので，水に溶けきれなくなった砂糖がどんどん出てきます。すると，砂糖の分子同士が整然と結合するには時間が不足なのでしょう，目に見えるようなきれいな結晶にはならないことがあります。しかし，コップの底のほうや，表面にたまった砂糖の固まりの裏側にはとてもきれいな結晶が出てくることがおおいので，注意して見てください。

　砂糖でも食塩でも，大きな結晶を作ろうと思ったら，分子やイオンがゆっくり整列できるように，時間をかけることが大切です。砂糖をたくさん溶かしたコップを戸棚の中にしまっておいて，忘れていて，1ヵ月もあとに見ると，とてもきれいな結晶ができているのに驚くことがあります。

砂糖と食塩をいっしょに溶かしたら　　どんな結晶ができるか

　結晶作りには，あせりは禁物です。ゆっくりと時間をかけ

る必要があるのです。そこで，夏休みにでも，こんな実験をしてみませんか。

〔問題１〕

食塩を水に溶かせるだけたくさん溶かします。その食塩水に砂糖は溶けるでしょうか。

予　想
ア．溶けない。
イ．少しだけ溶ける。
ウ．たくさん溶ける。

さて，どうでしょう。

水の中には食塩が溶けきれないくらい溶けているから，もう砂糖は溶けないでしょうか。でも，「お腹がいっぱいで，もう少しも食べられない」といっていた人でも，おいしそうなお菓子などを見ると，「これは入るところが別だ」といって食べられることがあります。砂糖が水に溶ける量は，それと同じように，食塩と関係なく溶けるでしょうか。

実験してみるとすぐに分かりますが，これは「ウ．たくさん溶ける」という結果になります。そこで，次の問題です。

〔問題2〕
　〔問題1〕のようにして作った「砂糖と食塩の混合液」の中の水を蒸発させたり，冷やしたりしておくと，どんな結晶が出てくるでしょうか。それとも結晶はできないでしょうか。
　　　　　予　想
　ア．砂糖と食塩がまじった「あまから」の結晶ができる。
　イ．砂糖と食塩の結晶が別々にできる。
　ウ．結晶は何もできない。

　さて，どうでしょう。

　その「砂糖と食塩の混合液」の中の水分をかんぜんに蒸発させてしまったら，あとには，砂糖と食塩の混じったものが残るに決まっているかも知れません。そこで，「はじめのうち出てくる結晶がどんなものか」について予想をたてて，実験するといいでしょう。

　この実験も時間がかかります。そこで，そっと，実験の結果を教えましょう。砂糖と食塩の結晶が別々に出てくるのです。食塩と砂糖の結晶は形が違います。ですから，コップの外から見ただけでも区別ができます。砂糖の分子は同じ分子同士

が集まって結晶となり，食塩を作っている「塩素イオンとナトリウムイオン」も，砂糖の分子とは関係なく引き合って，きれいな結晶になるのです。

　ですから，砂糖と食塩が混じってしまった場合など，それを水に溶かしてやれば，砂糖と食塩を分けることができることになります。じっさい，科学者は「結晶分別法(ぶんべつほう)」といって，いろいろな物質の混じったものから，別々の結晶を作らせて分けることもできるのです。

ミョウバン（明礬）の結晶

　前に「この世の固体はその内部を見れば，ほとんどみな結晶になっている」ということを書きましたが，「外形が大きくてきれいな結晶」となると，そうたくさんはありません。そこで大きくて外形の美しい結晶は，昔から東洋でも西洋でもとても大切にされてきました。

　それなら，「人類がもっとも早くから，生活に役立ててきた結晶」というと，どんなものがあるでしょうか。

　水晶やダイヤモンドの結晶はとてもきれいなので，大昔から飾り物として役立てられてきたでしょう。しかし，飾り物

以外に，時計とか工具とかふつうの生活に役立てられるようになったのは，かなり後のことです。

それなら，昔は，結晶は私たちの日常生活の中では，ほとんど役立つことはなかったのでしょうか。

じつは，大昔から生活にとても役立てられてきた結晶があります。「その中でももっとも重要な結晶」というと，「それはミョウバン（明礬）の結晶だ」といってもいいでしょう。

「ミョウバン」のことは，第1巻にも出てきました。

50年ほど前までは，西洋でも東洋でも日本でも，みんなミョウバンのことを知っていましたが，最近ではほとんど見かけなくなってしまいました。

ミョウバンは，みなさんの実験セットの中にもたくさんいれておきました。ミョウバンはいろいろな実験に使えるうえに，あまり高価でないので，気軽に使えるのです。薬局などでは袋入りで売っていますが，一辺が1ミリほどのよく透き通った粒がたくさん入っています

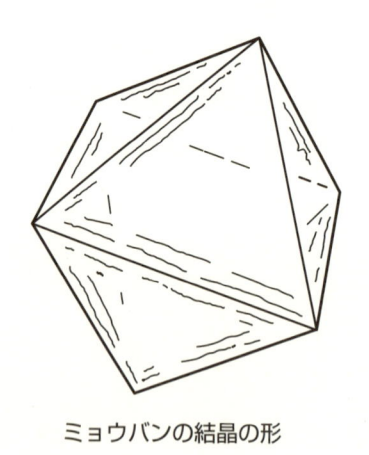

ミョウバンの結晶の形

(57ペの写真参照)。その一つひとつの粒をよく見てください。少し変わった形をしていますが，まるで型に入れて作ったかのように，形がそろっているでしょう。しかしこれは，型にはめて作ったのではなく，自然の結晶の形なのです。

ミョウバンは，漢字で「明礬」と書きます。難しい字なのでこれからは特別のとき以外は「ミョウバン」と片仮名で書くことにしますが，「もともとは漢字だった」ということだけは覚えておいてください。

漢字で書かれている化学物質は，「日本でも大昔から（少なくとも江戸時代から）広く知られていた物質だった」ということを意味しています。明治維新以後に知られるようになった物質の名前は，日本ではカタカナで表されることが多いのです。

大昔からのミョウバンの用途

それなら，ミョウバンは昔からどんなことに役立ってきたのでしょうか。第1巻で書いたことと一部重複しますが，
① まず第一に，ミョウバンは，飲み水などをきれいにするのに役立ちます。井戸水などの飲料水がにごって使えない

ときには，水1リットルについてミョウバン0.2〜0.5グラムぐらい加えると，わずか8〜20分ぐらいで，不純物が底にしずんで，水が透き通ります。

② また，ミョウバンには，タンパク質を凝固させる性質もあって，傷口や粘膜の炎症をおさえたり，出血を止める働きもします。そして，うがい薬にもなります。つまり，医薬品として役立つのです。

③ しかし，「一番重要な使い道」というと，染め物をするときに使うことでしょう。衣料品を染めるには，色によってさまざまな色素を使いますが，色素というのは繊維製品に直接ぬっただけでは，すぐに落ちてしまいます。そこで，衣服を水で洗っても簡単には色が落ちないように，大昔から「繊維に染料がよくくっつくようにするもの」の研究が行われてきました。「繊維に染料の付着をよくするもの」のことを，一般に「媒染剤」というのですが，ミョウバンはもっとも役立つ媒染剤として，なくてはならないものだったのです。

④ いまでは，自分で染め物をする人はほとんどいなくなったので，ミョウバンの出番はとても少なくなったのですが，いまでも，家庭の主婦は漬け物をするとき，ときどきミョ

ウバンを使います。ナスを漬け物にすると，皮の色がとても悪くなりますが，漬ける前に皮にミョウバンをこすりつけておくと，とてもきれいな色に漬かるのです。これも，染め物の一種と考えていいのです。

⑤　その他，ミョウバンは「皮なめし」にも使いました。動物の皮をはいでも，そのままにしておくと，使い物にならなくなります。ですから，動物の皮をはぐ仕事をしていた人びとは，昔からいろいろな薬品を使って，しなやかに仕上げる工夫をしてきました。しなやかに仕上げたものを「革（かわ）」というのですが，その皮なめしにもっとも長いあいだ使われていたのは，ミョウバンだったのです。その後，植物のシブ（渋）が皮なめしにとてもいいことが分かったので，この用途での出番もへりました。

⑥　ミョウバンは，紙を作るときにも使いました。第2巻でも説明したように，紙の主成分はセルロースという植物の繊維です。ところが，セルロースだけで作った紙はインキがしみ込んで，字を書いたり印刷したりするときに困ることがあります。それで，やがてインキのしみ込まない紙が発明されました。ミョウバンを紙の繊維に加えると，繊維のすきまがつまって，インキなどがにじまないようになる

のです。そこで，ミョウバンは紙を作るのになくてはならないものになったのです。

「紙にドウサを引く」という言葉があります。そのドウサというのは，ポルトガル語のミョウバンのことです。ドウサという言葉は，1603年に日本で出版された「日本語とポルトガル語の辞書」＝『日葡辞書(にっぽ)』にも出てきます。ですから，1500年代には日本でも紙の表面にドウサ＝ミョウバンをぬるようになっていたのでしょう。

⑦　そのほか，ミョウバンは秘密の手紙を書くときにも利用されました。ミョウバンを水にとかした液で文字を書いて乾かすと，文字が見えなくなります。しかし「その紙を水の中に入れると，文字のところだけ水がしみ込まないので，文字が浮き出て読むことができる」というわけです。このような「秘密文字の読み方」を「湿(しめ)り出し」といいます。

⑧　「湿り出し」のことを知らない人でも，「〈炙(あぶ)り出し〉なら知っている」という人がいるでしょう。ミョウバンで書いた紙を火にあぶると，文字のところだけが焼かれて，文字を読むことができます。

　　（「湿り出し」と「あぶり出し」のやり方は，第1巻『粒と粉と分子』に書いてあります。「湿り出し」に使う墨汁は，水でうんと薄めておきます）

ミョウバンの大きな結晶を作ろう

　ミョウバンはよく水に溶けます。そこで，ミョウバンを水に溶かすと，大きな結晶を作ることができます。

　ミョウバンの結晶は，とても美しいので，みんなが欲しがります。そこで，ミョウバンのきれいな結晶の作り方をお教えしましょう。

　それには，ミョウバンを水に溶けるだけ溶かして，その水分が少しずつ蒸発するにまかせます。すると，ミョウバン液の濃さが増して，溶けきれなくなったミョウバンが結晶となって現れます。溶けきれなくなったミョウバンの分子は，すでにその液の中に出来ている結晶に付着するほうがらくなので，その液の中にミョウバンの結晶が置いてあると，その結晶のまわりにくっついて，その結晶を少しずつ大きくしていきます。

　時間をかけて，ゆっくりと成長してもらうのがコツです。愛知県安城市の山田芳子さんは，長いあいだ結晶作りを続けて，とても大きな結晶を作っています。口絵にある写真を見てください。いちばん小さなものは1カ月目の結晶で，一番大きなものは，7年目の結晶です。時間がたつごとに大きく

なっていくようすがわかります。

ミョウバンはどこでとれるか

それなら，ミョウバンという薬品は，もともとどうやって作られたのでしょうか。

じつは，硫黄分(いおうぶん)をたくさん含んだ溶岩(ようがん)を噴出する火山地帯では，ミョウバンの結晶が自然に取れるところがあるのです。

日本は火山が多い国です。しかも，日本の火山には硫黄質の溶岩のところがたくさんあります。そこで，古代から，日本の各地でミョウバンがとれました。特別に工場で作らなくても，自然にとれたのです。だから，大昔から人びとがミョウバンのことを知っていたのは当然でした。日本人は古代から，中国の人びとからその医薬品としての使用法や媒染剤(ばいせんざい)などとして使うことを教わって，ミョウバンをいろいろに役立てていたようです。

ところが，日本も「鎌倉時代，室町時代」と呼ばれるようになった中世になると，日本でミョウバンがとれることも忘れられてしまったようです。そこで，他の多くの医薬品と同じように，ミョウバンも中国から輸入されたものだけを使う

時代がつづきました。

　それなら,中国のミョウバンはどうやって手に入れられたのでしょうか。じつは,中国は火山がほとんどない国ですから,日本のようにミョウバンが自然にとれるところはほとんどなかったに違いありません。その点は,〈火山の少ないヨーロッパの国ぐに〉でも同じでした。しかし,中国人や西洋人は,はじめは自然に取れる地域からミョウバンを輸入して,それが「媒染剤や医薬品としてとても役立つ」と知ってしまったので,大量のミョウバンを何とか手に入れたいと思いました。

　その結果,間もなく,火山地帯に多い天然の〈明礬石〉からミョウバンを取り出せることが発見されました。ミョウバン石を焼いて,水で湿らせながら長く空気中にほおっておくと,細かい粉末（焼きミョウバン）になります。そこで,その粉末を水に溶かして蒸発させると,ミョウバンの結晶を取り出すことができるのです。そこで,中世以後は,中国でもヨーロッパでも,ミョウバンといえば,「ミョウバン石を焼いて作るもの」と思われるようになりました。

　その結果,中国では政府がミョウバンで特別な利益を得たこともあります。また,ヨーロッパでは一時,それまでミョウバンを輸入していた西アジアとの貿易が止まったとき,ロ

ーマ教皇(きょうこう)が自分の領地内でミョウバン石がとれることを知って，その利益を一人じめしようとして，多くの人びとの猛反発を受けたこともありました。

江戸時代の日本でのミョウバンの生産

　江戸時代の初期まで，日本はミョウバンも中国から輸入していましたが，そのミョウバンはみな「ミョウバン石」を焼いてつくったものだったようです。「明礬(みょうばん)」という漢字はとても難しい字を書きますが，この「礬(ばん)」という字はもともと「石を焼いて作ったもの」という意味があるそうです。

　外国から輸入するには，その代わりのものを輸出しなければなりません。江戸時代の初期，日本が外国から生糸(きいと)や木綿(もめん)や砂糖などを大量に輸入したとき，その代わりに日本がもっとも大量に輸出したのは，金と銀と銅，硫黄(いおう)などの鉱産物(こうさんぶつ)でした。今日の日本は「鉱業資源に恵まれない国」として知られていますが，江戸時代の前期までの日本は鉱産国(こうさんこく)だったのです。しかし，江戸時代も半(なか)ばくらいになると，日本の鉱業資源も不足して，中国やオランダの船が運んでくる商品の支払いにも困るようになりました。

そのとき江戸幕府がまず考えたことは,「何とか輸入を減らせないか」ということでした。ミョウバンの場合は,その答えは簡単でした。日本では良質のミョウバンが自然にとれたからです。そこで,1670年ころから,別府温泉でミョウバンの採掘が始まりました。そして,1735年ころには「ミョウバン会所」というミョウバン専門の取引所も設けられて,国産のミョウバンの生産も増大することになりました。

現在の別府「明礬温泉」と明礬橋
写真提供：別府市観光課

浅間山の噴火後にミョウバンがとれた

東京に近いところでは,群馬県の浅間山や万座山・白根山のふもとで,自然にミョウバンの結晶がとれるところがあったそうです。私はその話を知って,先日その地へ行き,歴史文書でもいろいろ調べてみました。その結果,現在の群馬県吾妻郡嬬恋村に今も「明礬屋」と呼ばれている家があって,

昔その近くでミョウバンをとっていたことが分かりました。

文書によると，その「明礬屋(みょうばんや)」さんが幕府(ばくふ)の許可を受けて正式にミョウバンの採取(さいしゅ)をはじめたのは，1797年のことでした。その年の四月，当時大前村(おおまえむら)と呼ばれていた村の藤吉(とうきち)さんが役場に，「恐(おそ)れながら書付(かきつ)けをもって願(ねが)い上(あ)げ奉(たてまつ)り候(そうろう)」と，ミョウバンを試験的に掘ることを願い出たのです。

〈当村と隣りの鎌原村(かんばらむら)の谷あいには，三箇所(かしょ)にミョウバンの取れるところがあります。税金(ぜいきん)を納(おさ)めますので三年間，その試掘(しくつ)をお許(ゆる)しください〉というのです。そのためには，〈寒い時期に谷間の岩を崩(くず)し落として取るので，農事(のうじ)には一切差(さ)し支(つか)えがない〉と断っています。そしてさらに，〈現地は14年前の1783年七月に浅間山の大噴火(だいふんか)のときに土砂(どしゃ)が押し出したところですから，地元の人びとの迷惑になることはありません〉ともいっています。

じつは，隣りの鎌原村(かんばらむら)は，1783年に浅間山が大噴火したとき，村全体が土砂(どしゃ)の下敷きになって全滅(ぜんめつ)したので，今でもよく知られているところです。その大噴火のときには，大前村でも27人もの死者を出していたのですが，その翌年には噴火前にはなかった温泉も出現していました。浅間山の大噴火の前後に，その地帯の地下では大規模な化学変化も起きていた

に違いありません。そこで，温泉が湧きだしたり，ミョウバンの結晶が目立つようになっていたのでしょう。藤吉さんは，「そのミョウバンを採掘したら儲けられるかも知れない」と目をつけて，その採掘の許可を得たのです。

それなら，その「明礬屋」では，ミョウバンをどのようにして採っていたのでしょうか。黒岩博五郎さんは，「硫黄及び明礬の昔の製法」『上毛史学』(1958) という文章の中で，その採掘の仕方を次のように紹介しています。

> 「大前村から鎌原村に行く途中に〈明礬沢〉とか〈砂はき沢〉という沢がある。高さ6～9メートルほどで，……その岩の中に明礬が含まれているのであるが，これが岩石から分泌して白い結晶を浮き出させる。これは水にとけ易いので流出してしまうが，〈砂はき沢〉は岩の上部が木の根でおおわれ，その下が崩れて雨水のかからぬ部分が所々あるので，そこに〈白い結晶〉が浮き出される。これを人夫が長い熊手のようなものでかき落として叺に入れて運搬した。……自然に出来た木の根株の雨水のかからない所ばかりでなく，屋根を作って白く結晶を浮き出させたりした」

というのです。

これは江戸時代の話ですが，この〈ミョウバン沢〉では，ごく最近まで，ミョウバンを採ることができたようです。
　最近の嬬恋村の『広報つまごい』546号には，
> 「鎌原地内には〈明礬沢〉と呼ばれる沢があり，子どものころ，この沢で岩肌に付着した明礬を採取して文字のアブリ出しなどで遊んだ経験者も多い」

とあります。
　地球の，とくに火山地帯では，温泉がでたり，ミョウバンの結晶を吹き出させたりの化学変化が自然に起きていたのです。そこで，そのミョウバンが大昔から人びとの手で採取されて，生活に役立てられていたというわけです。
　じつは，ミョウバンは，「あらゆる物質の中でもっとも結晶になりやすい物質」といってもいいぐらい結晶になりやすい物質なのです。結晶というのは，同じ原子分子だけが整然と並んでいるものですから，もっとも混じり気のない物質です。混じり気がないから，その性質を生かしやすいのです。つまりミョウバンは，あらゆる結晶の中でももっとも昔から役立てられてきた結晶だったわけです。

第4幕

分子篩ゼオライト
（ふるい）

１億倍のゼオライトの実体積模型の完成

不思議な石・おもしろい石……結晶のいろいろ

　水晶その他の〈地下の岩石の中に見いだされる結晶〉の多くは，熱で融けた物質が冷えて固まるときに，その中に含まれていた原子分子が整然と配置されてできたものです。

　地下で結晶ができるときには，そのまわりに，ふつうはいろいろな物質がひしめきあっています。そんな状態では，結晶はその外形を自由に成長させることができません。ただ，地下にはガスがたまっているところもあって，大小さまざまな空洞（くうどう）ができることがあります。すると，その側面にある結

晶は自由に原子分子を配置して成長させることができます。そこで，外形の整った結晶ができるわけです。

　〈外形の整った結晶〉は，美しいうえに珍しいので，昔から多くの人びとが興味を示してきました。そういう結晶の中には，ただ美しいだけでなく，とても不思議で面白い性質を示すものも見つかることがあります。そこで，そういう面白い性質を示す結晶その他の石を紹介しましょう。

① **劈開の見事な石**——方解石・雲母などについては，すでに紹介しました。石墨は文字や絵の描ける石です。
② **もえる石**——石炭・硫黄は結晶として注目されたものではありませんが，〈燃える石〉として大昔から注目され，燃料や火薬に用いられてきました。そういえば，ダイヤモンドも燃える石でしたが，科学者しか燃やしません。石灰石は「強く熱すると，白いかたまりになる」ということで有名になりました。その灰に水をかけると，すごく熱を出して白い粉になり，シックイに使われます。そこで，「灰になる石＝石灰石」と名付け

硫黄

られたのです。中国語では「石灰」に近い発音になるので，シックイというのです。

③ **ガスを出す石**——石灰石は「塩酸をかけると，ガスを出す石」としても知られています。

石灰石

方解石も石灰石の一種です。二酸化炭素は，はじめ「石灰石の中に閉じ込められ＝固定されていた空気（気体）」を解放して得られました。そこで，はじめは「固定空気」と名付けられていました。

④ **磁石の石**——磁鉄鉱は「自分のかけらを二つのお乳（のような磁極）で子どもをかわいがる慈母のような石」として注目をあびました。そして，のちには「南北を指す石」として，羅針盤＝方位針として使われるようになりました。

磁鉄鉱

⑤ **電気の石Ⅰ**——琥珀＝コハクは，樹のヤニ（樹脂）が化石になったも

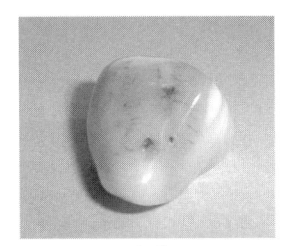

琥珀

第4幕 分子ふるいゼオライト 87

ので，結晶ではありませんが，宝石として大切にされました。電気はもともと，「この石をこすると小さなものを引きつける」ことが元になって発見されたのです。

⑥　**電気の石Ⅱ**——日本では，宝石のトルマリンが「電気石（でんきいし）」と名付けられています。この宝石を熱すると両端（りょうたん）が電気の＋極（プラスきょく）と－極（マイナスきょく）に分かれるので「電気石」というのです。

電気石

⑦　**とける石**——水に溶けるものは，雨でも降ればとけて見えなくなってしまうので，ふつう「石」とは呼びません。けれども，岩塩（がんえん）地帯（ちたい）はそこらじゅうが塩（しお）のかたまりなので，いくら雨が降っても全部が溶けてなくなることはありません。そこで「岩（いわ）のような塩（しお）」＝「岩塩（がんえん）」になっているのです。ミョウバン（明礬）は，雨水のかからないところで見つかりますが，水によく溶けるので，溶ける石の一種ともいえます。

岩塩

⑧ **とかす石**──硝石は昔は「消石」と書いたそうです。「消える石」というわけですが，明礬と同じように「水に溶けて消える石」というので，そう名付けられただけではありません。この石の水溶液は，「他のものを消して見えなくするという激しい性質をもった石」なので「硝石」と名付けられたということです。

⑨ **沸騰する石**──石灰石も塩酸をかけるとガスがぶくぶく出てきますが，「ゼオライト」という結晶は，「熱すると水分をぶくぶく出す石」です。これが，この第4巻の主役となります。

ゼオライト

「ゼオライト」の発見物語

クロンステットの発見

　先ほど名前が出てきた「ゼオライト」というのは，スウェーデンの化学者で鉱物学者のクロンステット（1722〜1765）が1756年に発見したもので，最初から「沸騰(ふっとう)する石＝ゼオライト」と名付けて発表された結晶です。

　スウェーデンという国は，イギリスの東，ロシアの西のヨーロッパ準(じゅん)大陸の北にとびでたところにある，あまり目立たない国です。けれども，とくに「鉱物学と関係の深い化学の研究」では名高い国です。日本には新しい元素（原子）を発見した人は一人もいないのに，この国の科学者は1730〜1879年の150年間に何と20種類もの新元素(しんげんそ)＝原子を発見しているのです。そのうちのニッケルはゼオライトの発見者のクロンステット自身が1751年に発見し

クロンステット

1720年ごろのスウェーデンとそのまわりの国

たものでした。この人こそ，この国を「鉱物学と化学の研究で名高い国」にしあげた先駆者(せんくしゃ)だったのです。

　それまでのスウェーデンは，ヴァイキングという一種の「海賊(かいぞく)の国」として有名でした。また，1611年に国王に即位(そくい)したグスタス・アドルフ大帝(たいてい)は，スウェーデン王国を軍事大国化しました。そして，産業をおこし，とくに鉱山業・造船海運業を盛んにするのにも貢献(こうけん)しました。しかし1718年には，ロシアやデンマークと戦った国王カール12世が戦死して，その国は崩壊(ほうかい)し，〈議会の指導する自由な国〉に生まれ変わって

いました。クロンステットが生まれたのは1722年のことですから、彼は「軍事大国のスウェーデン」に代わる、「文化国家」を築くのに活躍することになったのです。

彼の父は軍人で、のちには陸軍中将で工兵の司令官となった人でした。そこで彼も、家庭教師に学んだあと、父の経歴（けいれき）通りウプサラ大学に入学して数学を学び、工兵士官になるための準備をしました。ところが、大学でワレリウス教授の鉱物学と化学の講義を聞き、また2歳年上のリンマン（1720〜1792）とも知り合って、鉱業の道に進むようになったといいます。それは、スウェーデン王国の変身に合わせた賢い（かしこい）職業選択であったといえるでしょう。

ワレリウス

1740年10月20日に隣りの大国＝神聖（しんせい）ローマ帝国のカール6世皇帝が亡（な）くなり、〈オーストリアの皇位継承（こういけいしょう）戦争〉という戦争がはじまりました。そのとき、スウェーデンも参戦（さんせん）したので、彼も軍隊に入って、工兵の司令官だった父の秘書役を

務めたりしたといいます。しかし，1743年末からはスウェーデンの主要な鉱山を旅して，〈鉛と銀の冶金〉に関する知識を得ました。そして，〈すでに「コバルトの発見者」(1730)として知られていたブラント（1694〜1768）〉のもとで試金法（金属の鑑定法）と化学を学び，1748年1月に鉱山局に入りました。彼が25歳のときのことです。

　1751年，彼は鉱山で新しい鉱物を発見しました。そこで，その鉱物の化学成分を調べるため，その鉱物の酸性溶液に鉄片を入れてみました。「鉄が溶けて銅が析出するだろう」と思ったのです。しかし，その予想は外れて，何も析出してきませんでした。それは〈紅砒ニッケル鉱〉というものだったのですが，当時はまだ「ニッケル」という金属は知られていなかったのです。

　ところで，その頃〈クッフェルニッケル＝銅の偽物〉と呼ばれて，多くの冶金学者が謎としている鉱石がありました（ニッケルとは偽という意味）。そこで彼は，その〈風化した偽りの銅の表面をおおっている緑色の結晶〉を熱して酸化させ，その灰＝酸化物を木炭といっしょに加熱して還元してみました。すると，銅とは全く違う白色の金属が得られたので

第4幕　分子ふるいゼオライト

す。そこで彼は，その金属の物理的・化学的・磁気的な性質を徹底的に調べあげました。そして，ストックホルム科学学士院に「新しい金属元素が発見された」と報告し，のちにそれを「ニッケル」と命名しました。これがニッケルの発見です。

この発見の過程で，クロンステットは鉱物の新しい分析法を作りだしていました。「鉱物を木炭の上にのせて，強く熱してその変化を見る」という方法です。それからというもの，彼は，「新しい鉱物を見つけたら，何でも木炭の上で強く熱してみる」という習慣を身につけるようになりました。

そのご彼は，玄武岩の空隙（すきま）に美しい新種の結晶を発見しましたが，そのときも，その結晶を強く熱してみました。すると水らしいものがブクブク出てきました。そこで彼は，それがたしかに水であることを確かめましたが，水を出したあとの結晶を見ておどろきました。その結晶の骨格はそのまま変わっていなかったからです。

ミョウバンとゼオライトの結晶水の実験

結晶の中には，熱するとブクブク泡を出すものが，ほかに

もあります。たとえば，ミョウバンです。では，ミョウバンの結晶を熱してみましょう。

「あっ，ほんとだ。ブクブク泡が出てきた」

これは水です。ミョウバンの結晶にはたくさんの水分子が含まれているのです（口絵の結晶模型参照）。この水は結晶の表面に付着していたのではありません。ミョウバンというのは，たくさんの水分子の助けをかりてはじめて，美しい結晶の形を作るのです。だから，熱するとまず，その水分子が飛び出してくるのです。

ミョウバンを焼く

「水がずいぶんたくさん入っているんだなぁ。まだブツブツいってる」

「あれっ，全体が水のようになってしまった」

「ミョウバンはどこにいってしまったのかなぁ」

じつは，ミョウバンはその水の中に溶けてしまったのです。

「エッ，〈自分が出した水の中に溶けてしまう〉なんて，おかしな話ですね」

第4幕　分子ふるいゼオライト　　95

そうですね。ミョウバンの結晶は熱せられると水をだして，自分もその水の中にとけてしまうのです。その証拠に，もっと熱しつづけると，水分がぜんぶ蒸発して，白い粉が残ります。その白い粉がミョウバンの正体で，「焼きミョウバン」といいます。「ミョウバン」というと結晶，つまり水分を含んだもののほうが有名なので，その水分を追い出したものを「焼きミョウバン」と呼んでいるんです。

焼きミョウバン

「それなら，その焼きミョウバンを水にとかしたら，また結晶になりますか」

もちろん，なります。元通りミョウバンの結晶になります。

今度は，クロンステットが発見した新しい結晶＝ゼオライトを熱してみましょう。右のページの写真が，そのとき彼が発見した結晶と同じゼオライトの結晶です。

これをガスバーナーで強く熱してみましょう。

なかなか変化が起きませんね。

ゼオライトの結晶

「アッ，ブツブツいってきたみたい」

近くに水をいれたフラスコを近づけてみてください。

「あっ，フラスコの表面が曇ってきた。水滴がついているんですね」

そうです。ミョウバンの結晶のときほど派手ではありませんが，水分が出てきましたね。

それで，もとの結晶そのものはどうなっていますか。

「なんか，色が白くなって

ゼオライトを焼く

フラスコに水滴がつく

第4幕　分子ふるいゼオライト

しまったけど，形は残っています」

　そうですね。クロンステットもこういう実験をして，驚いたのです。彼は，「水が出てくれば，ミョウバンのときみたいに，結晶の形が崩(くず)れてもいいはずだ」と思ったのです。ところが，水がブクブク出てきても，結晶の形は変わらない。「そんな結晶はこれまで見たことがない」というので，彼は「これは，新種の鉱物の結晶だ」と確信しました。そこで，この結晶に「ゼオライト」という名前をつけて発表したのです。

　「ゼオ」というのはギリシア語で，「沸騰(ふっとう)」という意味があります。「ライト」というのは「石，鉱物」です。そこで，その二つをくっつけて，「沸騰(ふっとう)する石＝ゼオライト」と命名したわけです。1756年のことです。日本ではそれが，1876＝明治9年に，和田維四郎によって「泡沸石(ほうふつせき)」と訳されたのち，「沸石(ふっせき)」と呼ばれるようになりました。

スウェーデン語で書かれた「ゼオライト」の発見論文

　科学の後進国の科学者たちは，自分の発見を自分の国の言葉で発表しても，その新発見を認めてもらえないことがあり

ます。そこで，日本の科学者はみんな「新発見をした」と思ったら，その発見を英語で書くのが習慣になっています。そして，米国やイギリスで発行されている科学雑誌に発表するのが一番いいのですが，『欧文誌』といって「日本で発行されているが，〈欧文＝英語その他のヨーロッパの文章〉で書かれた論文ばかりを載せる雑誌」に発表することもあります。

　じつは，ヨーロッパでも大昔の学者たちは，ラテン語で書かないとその研究を認めてもらえませんでした。ところが，ガリレオは自分の大発見を自分の国の言葉＝イタリア語で書きました。イギリスの大科学者のボイルもフックも，自分たちの大発見を自分の国の言葉＝英語で発表しました。近代科学の創始者たちは，多くの重要な発見を自分の国の言葉で書きはじめたのです。そこで，ラテン語に代わって，英語やフランス語やドイツ語が科学者たちの公用語になりました。

　けれども，科学の後進国のスウェーデンの科学者が，その新発見をスウェーデンの雑誌にスウェーデン語で書いて発表しても，外国の科学者たちになかなか認めてもらえない心配がありました。しかし，スウェーデンの科学者といっても，クロンステットの場合には少し違うところがありました。何

しろ彼はもうすでに「ニッケル」という新金属の発見で外国の学者たちにも注目されていたのです。そこで，1756年に彼がスウェーデン語で書いたその論文は，ドイツの科学雑誌の編集者の目にとまり，1760年にドイツ語に翻訳されました。そして，さらに1770年には英語にも訳されて，世界の科学者たちにも広く知られるようになりました。

　クロンステットはこうしてスウェーデンの科学の名を世界に高めたのです。その後も彼は，鉱山局の冶金(やきん)学者としてスウェーデンのために大いに尽(つ)くしました。彼は「ニッケルという新金属」と「ゼオライトという新鉱物結晶」の発見者として，世界の科学者たちに注目されただけではなく，「鉱物の化学的・体系的な研究の創始者(そうししゃ)」としても注目されるようになったのです。

　クロンステットのことを書いたものには，彼のことを「男爵(だんしゃく)」と書いてあるものもあります。彼の父は陸軍中将にまで昇進した人ですから，国王から男爵(だんしゃく)の称号(しょうごう)を与えられていて，彼がそれを継いだ可能性もあります。また，彼自身の発見が認められて，その後「男爵」の称号を与えられた可能性もあります。しかし私は，彼が男爵だったという確かな証拠を見

いだすことができなかったので，ここでは「男爵」とはしませんでした。彼は素晴らしい科学者だったのに，大学教授にはならずに，国立の鉱山局の技師として生涯を終えたのです。

「分子篩(ふるい)」の発見

　クロンステットの発見のうち，ニッケルの発見の意義はすぐに認められました。しかし，ゼオライトの発見は長いあいだあまり重視されることがありませんでした。「ほかの結晶は結晶水(けっしょうすい)を失(うしな)うと結晶も崩(くず)れてしまうのに，ゼオライトだけはなぜそうならないのか」というなぞも全く分からなかったからです。しかし，長い年月のうちに，「ゼオライトという鉱物はとても面白い性質をもっている」ということが分かってきました。

　とくに注目されたのは，1925年にドイツのワイゲルとシュタイホッフが発表した実験結果でした。それまでに，〈ゼオライトから結晶水を取り除いたもの〉は，アンモニアガスなどをよく吸着(きゅうちゃく)することが認められていて，ゼオライトを「気体の吸着剤」として利用することが始まっていました。とこ

ろが，この二人は，

「ゼオライトは，水とメチルアルコール，エチルアルコールなど，比較的少ない数の原子からできている分子は強く吸着するのに，エーテルやアセトン，ベンゼンなどの比較的原子数が多い物質は全く吸着しない」

ということを確認して発表しました。

活性炭などの吸着剤は，一般に原子数の多い分子ほどよく吸着します。大きい分子の方が，固体になりやすいのは当たり前なのです。それなのに，ゼオライトはその常識に反する性質をもっていたのです。

どうしてそんなことが起きるのでしょうか。

あなたはどう思いますか。

「結晶水を追い出されたゼオライトの結晶は，〈それまで水分子の入っていた孔〉の中に気体の分子を吸着していた」と考えたらどうでしょう。そう考えると，「水分子よりも大きい分子はその孔の中に入れなくて，ゼオライトに吸着されない」と考えることができるでしょう。

じっさい，ドイツの科学者マックベインは，ワイゲルたちの実験結果を聞くとすぐに，それと同じようなことを考えは

じめました。そして，その翌1926年にケンブリッジ大学で開かれた学会での講演の中で，

> 「私は〈脱水したゼオライトその他類似の物質の結晶は，分子篩(ふるい)と呼ぶといい〉と提案いたします。ワイゲルが見いだしたところによると，ゼオライトの結晶は，その空間格子(こうし)からその格子をこわさずに水を取り除かれると，水やメチルアルコール，エチルアルコール，蟻酸(ぎさん)の蒸気(じょうき)は吸着(きゅうちゃく)します。ところが，アセトン，エーテル，ベンゼンは吸着しません。これらの化合物の分子の大きさから，私は〈空間格子(こうし)の開口部(かいこうぶ)は5Å（オングストローム，1億分の1 cm）よりもいくらか小さい〉と計算しました。そして，その他の蒸気やガスの吸着も予言することができました」

と講演しました。

　マックベインのこの考えは，すぐには受け入れられなかったようです。そこで，これまでゼオライトの研究史について書いた人はみな，「〈分子篩(ふるい)〉という言葉がはじめて使われたのは，マックベインが1932年に書いた『固体によるガスと蒸気の吸着』の中でだ」と書いています。しかし，彼が1926年に講演して発表した論文の中にも「分子篩(ふるい)」という言葉が出

ふつうの篩（ふるい）は，
小さいものがくぐり抜ける

てくるのですから，この言葉の歴史はそれよりも7年前にさかのぼることになります。

その7年間の間に，実験家たちは，ゼオライトによる気体の吸着の実験をつづけ，その成果を発表しました。ドイツの科学者シュミットは，17種類もの気体をゼオライトに吸着させる実験を行いました。そして，1928年に

「脱水したゼオライトは，分子の体積がある程度以上大きい分子は，全く吸着しない」

と発表しました。これは，マックベインの予想を裏付けるものでした。

ふつうの吸着剤（活性炭など）は，大きい分子ほどよく吸着します。それなのにゼオライトに限って逆のことが起きるのです。もっとも，「全く逆」というわけではありません。シュミットの実験の結果を〈当時知られていた分子の大きさの順序〉に並べると，脱水したゼオライトに吸着される度合は次のページの表のようになります。

分子模型

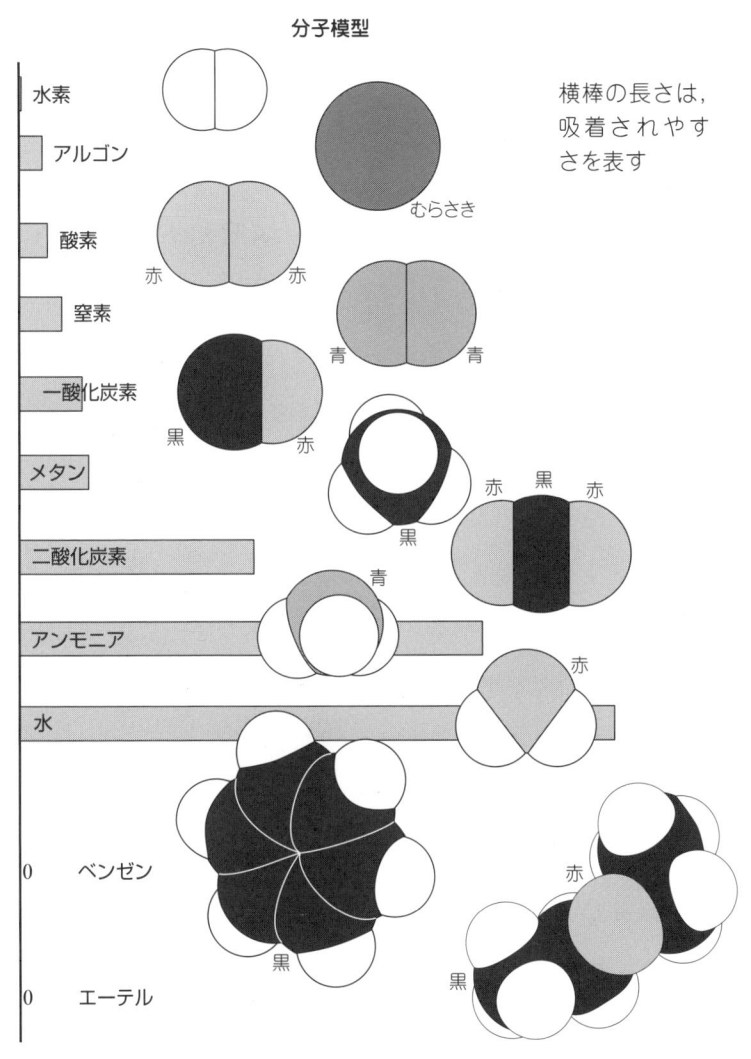

横棒の長さは，吸着されやすさを表す

水素

アルゴン　　　むらさき

酸素　　　赤　　赤

窒素　　　青　　青

一酸化炭素　　黒　　赤

メタン　　　赤　黒　赤　　黒

二酸化炭素　　青

アンモニア　　　赤

水

0　ベンゼン　　黒　　　赤　　黒

0　エーテル

いろいろな分子のゼオライトに吸着される度合

第4幕　分子ふるいゼオライト

たしかに，ゼオライトだって大きい分子ほどよく吸着するのです。ところが，その大きさが「水の分子」以上になると，その吸着の仕方は悪くなって，ベンゼンとかエーテルのように体積の大きい分子となると，まったく吸着しないのです。

これは，マックベインの予想通りです。

１億倍のゼオライトの実体積模型の完成

マックベインが〈分子篩（ふるい）〉の存在を予言した当時は，まだゼオライトの結晶構造が完全には分かっていませんでした。一般に結晶構造そのものの研究は，ゼオライトによる気体の吸着現象の研究と平行して進歩していたのです。そこで，いまではそのゼオライトの結晶構造もほぼ完全に分かっています。

しかし，どうしたことか，私はまだ，私たちがいつも使っている「実体積（じつたいせき）分子模型＝原子の大きさの範囲まで忠実に再現した模型」で，そのゼオライトの結晶模型を見たことがありません。模型そのものだけでなく，模型の写真や図も見たことがないのです。その代わり，ゼオライトの研究者たちは，私たちが「スケルトン（＝骸骨）模型」と呼んでいる模型ばか

りを使ってゼオライトの性質を説明しているのです。

「分子や結晶のスケルトン模型」というのは，原子間の距離や角度だけを見やすくした模型です。ただし，原子の位置は表現していても，原子や分子の大きさそのものは表現していないので，本当の分子や結晶の大きさをイメージしにくいのです。そこで私たちはずっと前から「原子の大きさの範囲まで忠実に再現した実体積模型」を使うことにしているのです。

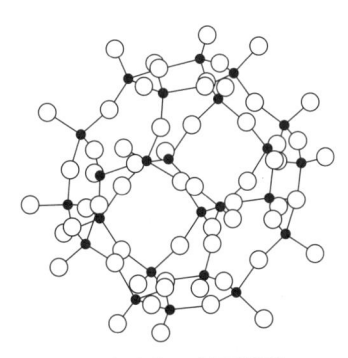

スケルトン分子模型

それに，ゼオライトの「分子 篩（ふるい）」を問題にするとなると，とくに本当の原子や分子の広がりを問題にしないわけにはいきません。「骸骨（がいこつ）のような分子なら〈篩（ふるい）〉を通れても，肉付きのある本当の分子だと〈篩（ふるい）〉を通れない」ということが現実の問題になってくるからです。そこで私は，「このサイエンス・シアターを機会に，なんとか私たちの手で１億倍のゼオライトの実体積模型を作りたいものだ」と考えました。

ところが，ゼオライトの結晶はとても複雑なのです。「こ

んなに複雑なら，専門の研究者でもスケルトン模型しか作らないのも，もっともだ」と思えるほど複雑なのです。

しかし，私は思いました。——「いまの科学は〈分子を篩(ふるい)にかける〉ほどにまで進歩している」ということをみんなに分かりやすく理解してもらうには，やはり「ゼオライトの実体積模型」を作るほかない，と思ったのです。

さいわい，私たちの研究会の山田正男さんは，高等学校の数学の先生だけあって，計算が得意なうえに，とても器用で，これまでにも「氷の結晶」その他を作ってくれました。そこで，今回も山田正男さんにお願いして，ゼオライトの結晶模型を作っていただくことにしました。こんどは「氷の結晶」などよりもはるかに複雑なので，とても時間がかかりました。しかし，多くの困難を克服して，ついに完成して下さいました。

これ（カバーと口絵）が，その1億倍のゼオライトの実体積模型です。サイエンス・シアターでは，その実物をお見せしましたが，ここではそれをカラー写真にしてお見せします。両方ともカラー写真のもとの結晶模型は1億倍でできているのです。

飛躍的に発展するようになった合成化学の研究

　「ゼオライトの結晶がじっさいにこのような形，大きさをしている」ということが分かると，それから化学の研究は飛躍的に発展するようになりました。

　いま，ここに「ブタン」の分子模型があります。ブタンの分子は，炭素原子4個と水素原子10個でできています。ところが，下の図のように，炭素原子4個と水素原子10個でできる分子には二種類あります。

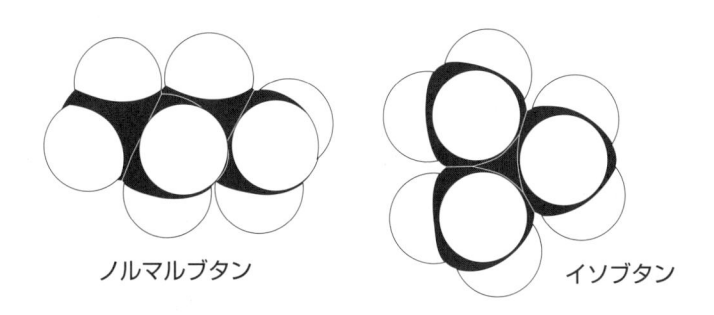

ノルマルブタン　　　　　　イソブタン

　左のほうの〈ノルマルブタンの分子〉は4個の炭素分子が一続きになっていて，そのそれぞれの炭素原子に水素原子がくっついています。しかし，右のほうの〈イソブタンの分子〉は炭素原子が途中で枝分かれしています。そこで，右のほう

のブタン分子は長さが短い代わりに少し太くなっています。

　化学工場では，こういう分子をいくつも繋げたり，枝分かれさせたりして，新しい分子を合成しているのです。ところが，技術者は一個一個の分子を目で見ながら合成するわけではないので，原子の数を調整しても，ノルマルブタンとイソブタンの両方が混じってできてしまうそうです。では，「どちらか一方だけを作りたい」というときには，どうしたらいいのでしょうか。

　それは，このゼオライトの結晶があれば，簡単です。

　ゼオライトの結晶には大きな孔，小さな孔がいろいろ空いています。ふつうは，孔のまわりにある酸素原子の数（＝員）で「4員環／6員環／8員環」などと呼んで区別しているのですが，4員環は孔といっても，水素原子1個だって通るのが無理です。しかし，8員環（右のページの図）ならアンモニア分子や水分子はラクラク通れます。

　それなら，このノルマルブタンの分子はどうでしょう。いまこの一番大きい8員環の上に，このノルマルブタンの分子模型を入れてみます（前のページをめくって比べてみましょう）。

　　「あっ，入ったっ！」

ケイ素
（ラベンダー色）

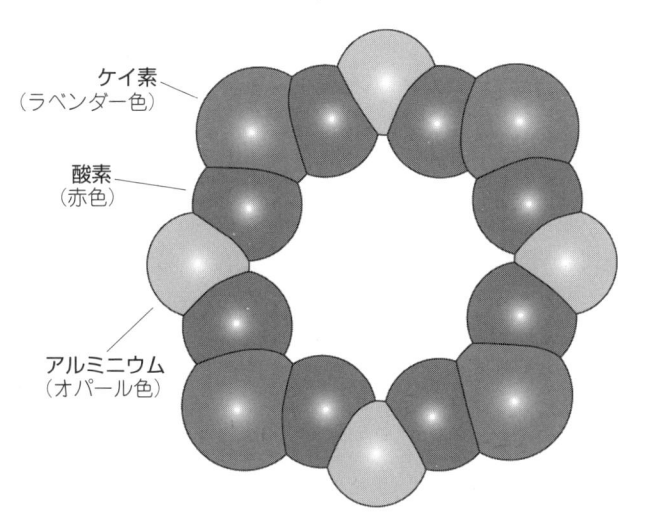

酸素
（赤色）

アルミニウム
（オパール色）

ゼオライトの篩（8員環）

見事に入りましたね。

それなら，このイソブタンはどうでしょう。

「入りそうもないな」

でも，ものは試しです。入れてみますよ。

「ほら，入らない」

入りませんでしたね。

じつは，ゼオライトの結晶構造が分かってから，化学工場では，こうやってゼオライトの結晶を〈分子の篩〉にして，いろいろな分子を分けることができるようになったのです。

じつは，一口に「ゼオライト＝沸石」といっても，自然に

は30種類もの結晶があります。それに，いまでは，ゼオライトの結晶も合成できるようになっています。さらに，自然には見つかっていないような構造のゼオライトの結晶も次々と作られていて，その種類は100種類を越えているそうです。その結果，結晶の孔(あな)の大きさも，「10員環(いんかん)，12員環(いんかん)，16員環(いんかん)」などと，次々と大きなものもできるようになりました。そこで，いろいろな大きさの分子をかなり自由に「篩分け(ふるいわけ)」ているそうです。

ですから，私たちの作っている原子模型や分子模型の大きさは，いまでは「ただ想像しただけのもの」ではなく，「本当のもの」であることが確かになっているのです。そこで，少し話が難しくなっても，何とかそのことをお伝えしたいと思って，山田正男さんにその結晶模型を作っていただいたというわけです。

ゼオライトで〈酸素の多い空気〉をつくり出す実験

最後に，ゼオライトを使った見事な実験をやってみましょう。105ページに，「ゼオライトは酸素ガスよりも窒素ガスの

ほうが少し吸着しやすい」という表を紹介しましたが，その性質を使って，「普通の空気をもっと酸素の豊富な空気にする実験」です。

　この実験に使うゼオライトは，外形の見事な結晶ではありません。じつは，「外形からして結晶であることが明らかなゼオライト」というのは，それほどあるわけではありません。しかし，「内部の原子の並び方がゼオライトの結晶構造をもっているもの」というと，日本にはとてもたくさんあります。じつは，日本の家の建築に使われている石に「大谷石」という石がありますが，その石も天然のゼオライトの一種でできているということです。そこで，いまではゼオライトは日本各地で露天掘りされています。この実験に使うゼオライトは，そうやって掘ったものを強く熱して，結晶構造中の水分子を追い出したものです。

　次のページの図で，右側の長い管には，天然ゼオライトから水分をとったものが詰めてあります。その左の長い管は，シリカゲル（乾燥剤）を詰めた管です。

　シリカゲルを詰めた管が必要なのは，空気中には水分がたくさんあるからです。水分を含んだ空気を脱水ゼオライトの

中に通すと、ゼオライトはその水分子を一番最初に吸い取ります。そして、他の分子はあまり吸い取らなくなってしまうのです。そこで、「ゼオライトの入れてある管に湿った空気が入らないように、あらかじめシリカゲルで空気の中の水分をとるようにしてある」というわけです。

さて、こうして、ポンプでゆっくりと空気をシリカゲルの中を通して、次にゼオライトの中を通します。うまくいくと、そのゼオライトの中で、酸素分子よりも窒素分子のほうが優先的に吸着されるはずなのです。「そうす

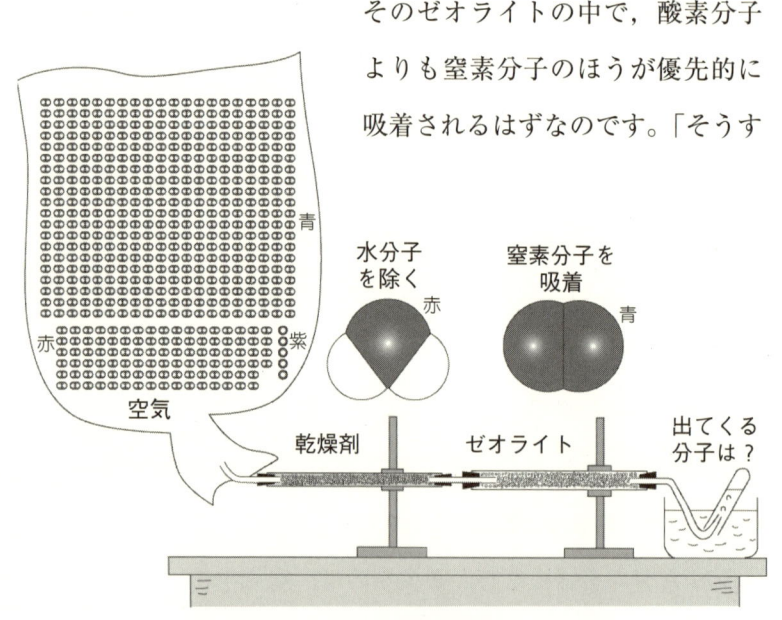

ゼオライトによる空気の富酸素化の実験図

ると，ゼオライトの管を通ってきた空気は，酸素の割合が増えるはずだ」というわけです。うまくいくでしょうか。

　この実験を担当していただいたのは，神奈川の吉川辰司さんです。最初はなかなかうまくいかなかったのですが，東京教育大学名誉教授の湊　秀雄先生に指導していただくなどして，やっとうまくできるようになりました。いま，ポンプで空気を送っています。

　　「空気の中の酸素がふえたことはどうやって確かめるんですか」

　火をつけた線香を入れてみて，ふつうの空気よりも強く燃えるかどうかを見ることにします。

　いいですか，右側の栓をあけて，この管の中の空気を押し出して集めます。

　かなり集まりました。この試験管の中の空気は，ふつうの空気よりも酸素がふえているでしょうか。

　まず，何もしていない普通の空気の入った試験管の中に，火のついた線香を入れまーす。……

　とくに変わったことはありませんね。

　それでは，こちらの試験管はどうでしょうか。入れまーす。

「あっ，線香の火がボッと明るくなった！」

成功ですね。ああ，よかった。

この場合には，押し出すとき外の空気が混じってしまうので，酸素を100％にすることは無理ですが，酸素50％ほどの「富酸素空気」を作ることができるのです。

線香の火が大きくなる

実用的には，圧力を高めるなどの工夫をして95％の酸素を取り出すことができるそうです。酸素が95％も含まれていれば，いろいろ役にたちます。手軽で，安全に酸素を製造できるのが特色です。

ところで，ゼオライトは模型を見ると孔だらけです。孔が多いということは，平らな面よりも表面積が広いということです。だからゼオライトは「表面だらけ」なのです。そこで，第3巻でやったように触媒の働きも期待できそうです。実際，「石油の接触分解」（石油を品質のよいガソリンに変えること）の90％以上はゼオライトを利用しているそうです。

〔第4幕おわり〕

世界最初の，もう1つの実体積模型
●ミョウバンの結晶は「水カノコ」だった

山田正男

　2002年2月7日に，この本のための結晶模型の撮影をするというので，それに合わせてミョウバンの模型を作って仮説社に持っていきました。それで思い出したのは，1999年12月，東京で開かれたシアターでのことです。その当日，私は時間に追われながら，客席の1番前でミョウバンの結晶模型を組み立てていたのです。

　ミョウバン「$KAl(SO_4)_2 \cdot 12H_2O$」は，透明な正8面体の結晶です。では，その主成分は何でしょうか？　つまり，結晶を作っている粒で1番多いものは何でしょうか？「カリウムイオンK^+」が1つ，「アルミニウムイオンAl^{+++}」が1つ，「硫酸イオンSO_4^-」が2つ，「水H_2O」が12コ。だから，ダントツで1番多いのは水分子（赤パンツ君）です。日本酒の主成分がアルコールではなく，水であるのと同じようなものです。そして，ふつうは，$KAl(SO_4)_2 \cdot 12H_2O$と書かれるミョウバンの式は，実は「$(K \cdot 6H_2O)(Al \cdot 6H_2O)(SO_4)_2$」と書いた方が実際に近い！

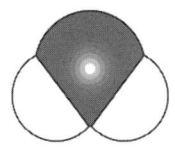

　これって，「カノコと同じだ！」と気がついたのがシアターの前日。「栗カノコ」とか「豆カノコ」という和菓子がありますが，それは，アンコの回りに栗やら豆の煮たのを「鹿の子」模様に貼りつけたものです。つまり，ミョウバンというのは，K^+やAl^{+++}というアンコの回りに水をくっつけた「H_2O鹿の子」なんです。それを自分ではノートに図を描いたりしていたのですが，はっきりと納得できたのはシアターの当日，自分で発泡スチロール球を組み立てたときのことでした。このときは

「ミョウバンが〈水カノコ〉であるとわかればいい」と，かなりイイカゲンに作りましたが，「オー，本当に水の結晶に見える！」とボクが一番感激したのかもしれません。「見てしまえばスンナリわかるけど，見ないうちはちっともわからない」というのが，結晶のむずかしさ，簡単さということでしょうか。

その後「ミョウバンの結晶模型を作るのは俺しかいないだろう」と，2001年2月28日から再び作り始めたのですが，途中，他事が入って何度も中断し，なかなかうまくいきません。「結晶構造がむずかしい」というよりも，「〈水カノコ〉を作ってSO_4^{--}とつなげていると体力を消耗しちゃう」という感じなのです。その消耗の原因は，K^+とH_2Oの間にスキマが5ミリほどあいてしまうからで，「格子定数」（＝結晶格子の長さ）が合っていないのです。それで改めて格子定数を決めなおしました（計算も少しはしたけど，使ったのは足し算と引き算だけ）。そして新しく作ったらAl^{+++}とK^+の回りにH_2Oが気持ちよく納まるようになっ

て，ようやく完成しました。ゼオライトに続き，ミョウバンの実体積模型も世界最初でしょう。

さて，今回の口絵用のミョウバンは「外形を8面体に作る」を目標にしました。2月7日の12時にようやく部品を作り終え，組み立てると，ちゃんと正8面体に見えます！

さて，それを写真に撮ってもらったけど，正8面体に見てもらえるかどうか，ちょっと心配です。やっぱり，結晶の構造を納得してもらうには，立体の模型にさわったり，分解したりしてもらうのが1番だからです。自分で発泡スチロール球を切って分子模型を作れば，もっと分子と仲良くなれるでしょう。

ところで，結晶づくりは山田芳子（よしこ）さんの方が有名になってしまいましたが，芳子さんに結晶づくりを教えたのはボクです。また，分子模型作成用の「電熱線カッターを作ってほしい」と依頼してきたのは芳子さんで，開発したのはボクという関係です。

（2002年2月24日）

サイエンスシアターシリーズ〈原子分子編〉
あとがき

　さて,これで『固体＝結晶の世界』,いや,「サイエンスシアターシリーズ〈原子分子編〉」全4巻も完結です。この4冊を読み終えたら,「あらゆる自然界の姿がいきいきと見えるようになっている」と思いますが,どうでしょうか。

　ここで,これまで見てきたことを,ざっと思い返してみましょう。

　第1巻の『粒と粉と分子——ものをどんどん小さくしていくと』では,「〈つぶ〉から〈こな〉へ」という話題にそって,古代ギリシアで原子論を提唱したデモクリトスの世界を探ってきました。そこでの話題は,「渋みや毒のあるドングリやコンニャクだって,粉にしてアク抜きをすれば,食べることも可能になる」という話に発展して,ついでにドングリの分類の話にまで脱線しました。しかし,それからさらに,ライトスコープという30倍の顕微鏡を使って〈色の原子〉を見る作業に進んで,粒→粉→粉末→分子→原子と,小さな世界にたどりつきました。ミョウバンの実験も,すでにそこに出てきたのでした。

　そして,第2巻の『身近な分子たち——空気・植物・食物のもと』では,水分子＝赤パンツ君以外の身近にあるたくさんの分子模型

が登場してきました。あんまりたくさんの分子模型を登場させたものだから,「その全部を覚えることなんか出来っこない」と心配になった人もいることでしょう。しかし,「分子模型を見ると,何となくかわいい」と思えるようにもなったことと思います。大部分の大人たちが,「原子や分子の話なんか分かりっこない」と思って,原子だとか分子が話題になると逃げ出そうとするのに,この本の読者の方々は反対に,「原子や分子の話なら楽しそうだ」と耳を傾けるようになったと思います。

　そして,第3巻の『原子と原子が出会うとき——触媒のなぞをとく』では,白金の表面が酸素と水素を静かに,ときには激しく化合させる働きをする様子を,一つひとつの分子や原子の動きを追って見てきました。この本が出たのと相前後して,野依良治さんがその触媒の研究でノーベル賞を得たことは明るい話題でしたが,2002年2月9日の『毎日新聞』は,「浜岡原発事故」について,「配管の白金,爆発誘発　再現実験,水素と酸素が反応」という見出しの記事を掲げました。本シリーズの読者なら,その見出しを見ただけで,「アッ,あの白金触媒の話だ」と思うことが出来たことでしょう。本書の話題はそれほど身近なものになっているのです。

　それで,この第4巻の『固体=結晶の世界——ミョウバンからゼオライトまで』です。ここでも私は,身近にある不思議で面白いだけでなく,とても役立つさまざまな鉱物・結晶の世界を紹介しましたが,その末に「ゼオライト=分子篩」にまで話を発展させることができました。

　思い出してみると,ずいぶんたくさんの話題を取り上げたこと

になります。「原子・分子」というと，無味乾燥な話題ばかりと思っていた人もいると思いますが，決してそうではないのです。

　私がこのような原子分子の話を書くようになったのは，元はといえば，私自身が小学校5〜6年のころ，「原子や分子も見えてしまう」という〈不思議なめがね〉の話を読んで，それに深い感銘を受けたからです。私の子どもの頃は，まだ「原子や分子は電子顕微鏡を使っても見えない」ということになっていました。ところが，私は「〈不思議なめがね〉を使えば，原子分子の動きだって見えるのだ」と思いこんでいました。そこで，私の同世代の人びとよりもずっと，原子分子の世界に親しみを感じつづけてきました。
　そんなわけで，私は自分自身が科学者となり，子ども向けの科学の本を書く立場になったとき，何よりも先に「原子分子の世界の絵本」を書きたいと思いました。その思いは，1971年に〈いたずらはかせの科学の本〉の一冊として，『もしも原子が見えたなら』（国土社）という本を書くことで実現しました。
　さいわい，その試みは大成功でした。私の知り合いの先生方は，その絵本を元にして，小学校の理科の時間に授業して下さったのですが，私自身が驚くほど好評でした。はじめのうち，そのような授業は小学校高学年で行われていたのですが，小学校1〜2年生でも歓迎されることが分かりました。それだけではありません。「学級崩壊を起こしている」と言われるようなクラスでも，原子分子の話をすると，子どもたちがみんなその話に聞き入ることが分かってきました。
　子どもたちは，「この世のものはすべて，人間だって恐竜だって

みんな，原子分子から作られている」ということを聞いただけで，その原子分子のことを知りたいと思うのです。どの子どもたちも，それほど哲学好きなのです。

　子どもたちだけではありません。老人たちもみな原子分子に興味を示します。そして，「同じプラスチックでも，塩素原子の入っていないプラスチックは，いくら燃やしてもダイオキシンが発生しない」という話に深くうなずいて，「どうしてそんな分かりやすい説明をこれまで教えてくれなかったのだ」というのです。

　そこで，私はこの『サイエンスシアターシリーズ〈原子分子編〉』全4冊の本は，多くの人びとに喜んで迎え入れられるものと確信しています。

　とはいえ，これまではこの本のように〈原子・分子の模型〉を中心に〈原子・分子の話〉を分かりやすく書いたものがなかったので，「〈原子・分子の話〉など私には分かるはずがないし，分かったところで，役にもたたない」と思う人が大部分といっていいでしょう。そこで，多くの人びとが「原子分子の本」を食わず嫌い，いや読まず嫌いして，なかなか手を出そうとしないのではないか，と心配です。もしも，あなたがこの本を読んで気にいったなら，お知り合いの方々にも読むようにすすめて下さるよう，お願いします。

　ところで，この本は1999年12月末の2日間，早稲田大学の国際会議場という豪華な会場をお借りして，実際に行われた〈サイエンス・シアター＝実験中心の講演会〉の成果をもとにしたものです。その会場は，舞台がどこからも見やすいように，階段式になっていました。本書に出てくる実験はみな，その実験の情景が想

像できるように書いてありますが，それらの実験はみなその会場で参加者の人びとの前で行われたものなのです。

　文章や絵で表現されたものは，実際に目の前で見た実験よりも迫力に欠けるのは仕方がありません。しかし，文章や絵なら「何回も読み直し，見直すことができる」という長所があるので，よりよく理解できるようになったのではないか，と思うのですが，どうでしょうか。

　最後に裏話を書いておきます。

　じつは，いま私たちは，金属の原子分子模型を創り出す作業を始めているので，一言そのことを紹介しておきたいのです。

　私たちの分子模型作りは，〈気体分子の模型〉から始まりました。他の原子分子から独立した「分子」というのは，気体のときが一番わかりやすいからです。それに原子模型は，この本の中に書いたように，結晶というものを理解するときにもとても有効です。そこで，「金属の原子模型を作ったらどうか」と考えたのです。

　金属はふつう，気体にはなりません。たいていは固体で，つまり結晶になるのです。金属原子が結晶を作るときには，①電気を帯びた〈イオン〉となって電気的に引き合って結晶を作るときと，②原子の外側の電子を〈自由電子〉として共有して結びつくときとがあります。そこで，「今日の科学研究の結果をもとにして，その原子模型を作るとしたら，どんな模型を作ったらいいか」と研究を始めているのです。

　鉄原子，アルミニウム原子，ナトリウム原子，白金原子などの金属原子の違いも，気体分子の色と同じように，色分けで示すこ

とになります。〈金属結合〉や〈イオン結合〉の結合間隔も分かっているので、それを元に忠実に原子模型を作るのですが、〈イオン〉を表現するには、本書の65ページの結晶模型と同じように〈球形〉にする予定ですが、〈金属結合する金属原子〉は、40ページのダイヤモンドの結晶模型のように、多角形の立体にする予定です。

　こういうと、「〈立体多角形の原子模型〉など見たことがない」という人もいることでしょう。はじめは違和感があっても仕方がありません。しかし私はすでに、「金属の原子模型を〈立体多角形〉にすると、金属のいろいろな性質を効果的に示すことができる」という展望をもつことが出来ています。いよいよ公開というときには、なにとぞご意見をお寄せ下さるよう、今からお願いします。

　いまはただ、「原子模型にも、さらなる発展の余地がある」ということをお伝えしておきたいのです。

　さて、この「サイエンスシアターシリーズ」は、この〈原子分子編〉のあと、さらに、「熱と温度編」「力と運動編」‥‥と続きます。基本的な内容は確定しているので、後は手にとりやすい形に編集しなおす手間と時間だけがあればいいのです。それらの本も、この「原子分子編」に負けず劣らず楽しい本になると思いますので、楽しみにしていて下さるよう、お願いします。

　　　　　　　　　　　　　　　　　　　　　　　板 倉 聖 宣

サイエンスシアターシリーズ〈原子分子編〉
謝辞

　じつは，この本の中では，私＝板倉個人が話をしたような書き方をしてありますが，サイエンス・シアター当日に壇上に上がって話をしたのは，私ではありません。私の友人の学校の先生方には，私などよりもずっと話し方がうまい人がいます。そこで，その人びとに壇上に上がって，多少演劇風に話題を展開していただいたのです。東京のシアターのときに，壇上に上がって各場面を担当して下さったのは，
　第1巻相当の「粒と粉と分子」は，塩野広次・阿部徳昭，
　第2巻相当の「身近な分子たち」は，吉村七郎・由良文隆，
　第3巻相当の「原子と原子が出会うとき」は，湯沢光男・実藤清子，
　第4巻相当の「固体＝結晶の世界」は，山田正男・大熊華子，
の皆さんです。
　そこで，その各部の内容については，それらの担当者の方々の創意を活かしていただきましたが，とくに第3巻の展開は湯沢光男さんの構想を活かしました。
　それらの担当者の方々のほか，とくに天然ゼオライトの実験については吉川辰司さん，金属粉の実験については多久和俊明さん，ドングリ類の収集・分類については田部井哲広さん，結晶については山田芳子さん，燃料電池については須崎正美さんに担当していただきました。また，北海道の丸山秀一さんにはコンパクトな「原子実物周期表セット」を，大阪の竹内徹也さんには「種子セット」を作っていただきました。
　それに，重弘忠晴・小林浩行さんは，このシアターのための「分子模型すごろく」を作って下さいました。その駒とサイコロの製造を手配して下さったのは，瀬戸市の高木仁志さんです。亀川純子さんには，「コンニャク粉の発明物語」を紙芝居形式にしていただきましたし，プラスチックスの新しい分子模型を製造してくださったのは，由良文隆さんのご両親一家です。
　サイエンス・シアターのような大きなイベントを実行するには，表に顔の出る人びとのほかに，黒子として陰で支えてくれる人の存在も重要です。今回のシアターでは，重弘忠晴さんが監督役を引受けて下さって，

荒井公毅・佐藤建文・小塚清さんなどが，音響や照明などを，亀川雅史さんはアシスタント・チーフとして裏方の仕事を担当してくださいました。

　また，小林光子さんには，サイエンス・シアター全体の事務局長役を引き受けていただき，田中由紀江さんには日常的な実務一切を担当していただきました。それを支えてくださったのは桑野裕司さんです。

　そして，当日配付した本書の原本の編集は，平野孝典さんが推進してくださいました。挿絵を担当してくださった藤森知子さんとともに，執筆が遅れる私の仕事を忍耐づよく待って，急ピッチで会に間に合わせて下さいました。それをもとにさらに本書4巻にまとめなおして下さったのは，仮説社の竹内社長と田中武彦さんです。

　また，サイエンス・シアター当日には，多数の方々にアシスタントをお願いしましたが，福岡県の田中良明さん，兵庫県の松尾政一さん，東京の上廻昭さんなど，多くの方々に集まっていただき，当日のイベントを盛り上げていただきました。

　なお，本番のシアターでは，自然物のシイの実・ドングリ類も〈参加者全員に配布しよう〉ということになったので，それを大量に収集する上でも，多くの人びとの力をお借りしました。おかげで，〈シイの実〉といっても地域によってずいぶん大きさや形の違うものがあることが分かったりして，今後の研究課題ができました。

　以上はみな，仮説実験授業研究会周辺の皆さんですが，そのほかにも多くの方々の協力を得たことに感謝しなければなりません。㈱中村理科工業には，予備実験用に実験室をお貸しいただいたほかに，多数の実験機材を提供していただきました。また，天然ゼオライトについては，日東粉化商事㈱東京支店の小原英之さんのほか，東京大学名誉教授で地質学者の湊秀雄さんにもお出かけいただいて，直接教えていただきました。

　1999年末のサイエンス・シアターの開催当日の参加者は400人余りでしたが，その人びとの発言にも，貴重なヒントを得ることができました。それらの人びと全体にお礼申し上げます。

　東京での最初のシアターののち，福岡・金沢・名古屋でも，同じテーマによるシアターが開催されています。今後もまた，本書を手掛かりにして同じような会を開く人びとが現れることを期待もしています。

板 倉 聖 宣

楽しみごととしての科学

● 〈サイエンス・シアター〉について

　このシリーズは，1994年から1999年の間，毎年，おもに12月末に早稲田大学の国際ホールで公開された〈サイエンス・シアター〉のための原作集がもとになってできたものです。

　〈サイエンス・シアター〉というのは，これまで多くの人びとが演劇や音楽やスポーツを楽しんできたように，大人も子どもも一緒になって，科学を豪華に楽しむための集まりです。

　この〈サイエンス・シアター〉が行われるまでは，科学というのは，出世のためや受験のために仕方なしに学ぶだけのものであったり，「誰かがお金を出してくれれば，少しは付き合ってもいい」というものでしかありませんでした。演劇や音楽やスポーツの場合には，自分でかなり高価な楽器や道具を買ったり，かなり高い入場料を払って楽しんでいる人がたくさんいます。それなのに科学となると，日本では，「自分で実験器具を揃えたり，かなり高い入場料を払って講演会にでかけていく」という人は，ほんの少ししかいなかったのです。

　多くの人びとは，「科学というのは，芸術やスポーツや宗教とは違って，自分から進んで楽しむに値しないものだ」と思いこんでいるようです。そして「たまには科学の講演会などにも行くとタメになるのかも知れないけれど，むずかしくて面白くもないんじゃないかなあ」と思ってしまいます。残念ながら，これまでの科学の講演会というのは，その多くが「むずかしくて面白くもない」というものでした。それでも，たいていの講演会は無料またはそれに近い出血サービスだったので，主催者（しゅさいしゃ）に本気で苦情をいう人もほとんどいませんでした。だから，楽しい科学の講演会が工夫されることはあまりなかったのです。

　それでも，最近では夏休みになると，図書館とか公民館など

が、子どもたちを対象として行う「科学あそび、もの作り」の集まりはかなり楽しいものであることが注目されています。図書館で本を借りようともしない子どもたちでも、そういう集まりにはやって来るのです。いまは、「そういう小さい子どもたちだけが科学の楽しさを感じている」ということができるでしょう。

しかし、そういう集まりはとても簡便(かんべん)に行われているので、いくぶん「子どもだまし」ともいえます。〈物をいじくったり物を作ったりする楽しみ〉は味わわせてくれても、本格的な科学の素晴らしさ、面白さまでにはなかなか達しません。「少し理屈っぽい話を出すと、せっかく集まってくれた子どもたちに嫌われてしまう」と心配もされているようです。

たしかに、これまで学校で教えられてきたような科学の授業をやったなら、子どもたちに嫌われてしまうことでしょう。しかし、「仮説実験授業」をやれば違います。私たちはこれまで40年ちかくものあいだ「仮説実験授業」という独自な内容と方法とで科学の授業を行ってきたのですが、その仮説実験授業の手法に従って本格的な科学の授業をすると、子どもたちがしばしば「この授業は遊ぶのよりずっとたのしい」というようにもなるのです。しかし、いま学校でそのような授業＝仮説実験授業をやっているのは、ごく一部の先生でしかありません。そこで、「そういう素晴らしい授業があるのなら、ぜひうちの子どもにも受けさせたい」と思っても、なかなかその思いをはたすことができない状況にあります。

ところで、子どもたちが「遊ぶのよりずっとたのしい」というような科学の授業があるのなら、大人だって、そういう授業を受けたいと思いませんか。サイエンス・シアターというのは、そんないろいろな思いを元に実現することになったものです。

私たちは、「忙しい大人にも集まっていただくなら、演劇や音楽会なみの豪華(ごうか)な準備をして、ふだん学校でも実現できないような実験器具も準備したい」と考えました。そして、「科学はお上(かみ)のもの」という根強い意識を抜本的に変えるため

128

にも，お集まりになった方がたに，少し豪華な実験道具をお持ち帰りになっていただき，一気に科学好きな人びとを増やしたいと思ってきました。

　さいわい，私たちのこの思いは，これまで何年も積み重ねてきたサイエンス・シアターによって，確実に現実のものとなりつつあります。東京のサイエンス・シアターに参加してくださる方がたの数は年々増大しているだけでなく，福岡・名古屋・金沢・北海道などでも，サイエンス・シアターが開かれるようになっています。はじめは「科学の講演会なのに，本格的な演劇・音楽会なみに高いのね」という思いをもって参加した人びとも，その中身を知って，口コミでその普及を助けてくださっているからです。

　「日本は経済発展した割りには，欧米の諸国と比べて，科学の創造性に欠けている」というのは，すでに多くの人びとの憂えるところとなっています。しかし，そんなことは当たり前のことと言えるでしょう。もともと科学を生み育てた欧米諸国では，いまでも「科学は楽しみごとであって，自腹でも楽しむもの」であるのに，日本では今なお，「科学は学校で押しつけられていやいや学ばされるもの」になっているのですから，科学を楽しんで研究する人が決定的に少ないのです。

　昔，科学は〈楽しみごと〉でしかありませんでしたが，いまでは産業経済の根幹となっています。そして，私たちの生活を支えてくれています。そして，今では「日本は経済発展した割りには，科学の創造に寄与していない」というのが，貿易摩擦の元にもなって，日本の産業経済の未来を暗くもしています。日本人の創造性を高めることは，いまや国家的な重大問題にもなっているのです。私は，「多くの人びとが科学を楽しむ社会を作ることが，日本人の創造性を高めるほとんど唯一の方法だ」と思っています。そのためにも，サイエンス・シアターを一つの運動として，科学好きな人びとを増やしていきたいと思っているのです。

（板倉聖宣）

サイエンスシアター《原子分子編》全4巻
総もくじ

第1巻　粒と粉と分子　　　　　　　　　　　　板倉聖宣
――ものをどんどん小さくすると

楽しみごととしての科学 ……………… 1
〈サイエンス・シアター〉について
「原子分子編」について ……………… 5
「粒と粉と分子」まえがき ……………… 8

第1幕　デモクリトスの世界 …………………………………… 15
――「つぶ」から「こな」へ

アトム＝原子の世界　15
「粒」と「粉」　17
「粒食」と「粉食」　20
大昔＝縄文時代の日本人が食べていたもの　23
〈シイの実〉を食べてみよう　27
シイの実とマテバシイの見分け方――ドングリの分類　30
〈縄文時代の日本人〉はドングリ類を食べていたか　33
〈アク〉と〈アク抜き〉　38

第2幕　粉にして分ける …………………………………… 41
――デモクリトスの世界 2

早く効果的に「アク抜き」する方法　41
さらに早く効果的に「あく抜き」する方法　43
「木灰」は水にとけるか　46
「アク抜き」と「灰汁＝あく」　49
「毒のあるイモや根」を食べる法　53
ヒガンバナの話　55
コンニャクの毒の話　60
「澱粉＝デンプン」と「コンニャク粉」の発明の話　62
コンニャクを作って食べてみよう　72
「粉」から「原子」へ　72

第3幕　ライトスコープで見る …………………………………… 75
――カラー印刷の〈色の原子〉と原子の大きさ

岩・石・砂・土の区別　75
　　　ライトスコープで「砂鉄」を見る　77
　　　ライトスコープでカラー印刷を見る　82
　　　「色の原子」＝三原色　84
　　　カラー印刷の「色の原子」の大きさ　87
　　　本当の原子の大きさ　90
　　　粒・粉・粉末から，分子・原子までの大きさ一覧表　92〜93
　実験器具について　94

第4幕　原子と分子とその模型 …………………………… 95
　　　　──粉つぶの集まりと分子の性質

　　　水をどんどんわけていくと「水の分子」になる　95
　　　空気をどんどん分けていくと……　99
　　　〈さびる〉ことと，〈燃える〉こと　101
　　　貴金属というもの　108
　　　細かな粉にすると，どんなものでも燃えるか　109
　　　〈粉つぶの集まり〉と液体の性質　112
　　　土を水の中にいれてかき回すと，……沈む順序は　116
　　　ミョウバンを使った遊び　120
　　　　──「湿り出し」と「あぶり出し」の実験

第2巻　身近な分子たち
　　　──空気・植物・食物のもと

　　　　　　　　　　　　　　　　　　　　　板倉聖宣
　　　　　　　　　　　　　　　　　　　　　吉村七郎

　　まえがき …………………… 1
　　実験器具について …… 8

第1幕　空気の中の分子たち …………………………… 9
　　　　── もっとも身近な分子

　　　空気の中の分子たち（1）──二酸化炭素　10
　　　空気の中の分子たち（2）──アルゴン　13
　　　空気の中の分子たち（3）──ネオン・ヘリウム　15
　　　ふつうの空気の中に入っている各分子の割合　17
　　　脱酸素剤＝エージレスでの実験　20

第2幕　空気を汚す気体 …………………………… 31
　　　　──フロンからダイオキシンまで

　　　環境を悪くする気体分子たち（その1）　32
　　　環境を悪くする気体分子たち（その2）　36

硫化水素の分子模型　39
環境を悪くする気体分子たち（その3）　41
その他の窒素酸化物＝NOx　44
フロンとフッ素と塩素の分子模型　46
オゾンの分子模型　49
ダイオキシンの分子模型　52

第3幕　くさい気体，おもしろい気体 ………………………… 59
　　　　──アンモニアから沼気と笑気まで

アンモニアの分子模型　60
〈におい〉の感覚を引き起こす〈分子の形〉　62
メタン＝沼気の分子模型　64
エタン・プロパン・ブタンの分子模型　66
「笑いのガス」＝笑気の分子模型　69
笑気という名前　71
〔お話〕いろいろな気体の発明発見物語…………78
　　新しい気体の発見の時代　78
　　一酸化二窒素ガスを吸ってみたデーヴィーの新発見　83
　　笑気を利用して麻酔手術をすることの発見　88

第4幕　植物や食物のもと ……………………………………… 93
　　　　──燃えて気体になる分子から

木を燃やしたときに残る灰の重さ　93
〈割りばし〉の生い立ち──植物の細胞膜　96
セルロースの分子を熱すると　102
植物はどのようにして成長するか　105
セルロースと紙　108
砂糖の分子模型　112
味と分子の形　114
ミラクルフルーツ　116
エチルアルコールとメチルアルコールの分子模型　118

楽しみごととしての科学　122
分子模型さくいん　125

第3巻　原子と原子が出会うとき　　板倉聖宣
　　　　──触媒のなぞをとく　　　　　湯沢光男

　　まえがき ……………… 1

第1幕　分子と分子が出会うとき ············· 9
── 化学変化がおこるための条件

酸素ガスと水素ガスをまぜたら水の分子になる？　9
ペットボトルに水素ガスをいれて火をつける　12
水素と酸素の混合気体の爆発　15
長ーいホースの中で爆鳴気を燃やす実験　17
水素分子と酸素分子から水分子ができるためには　21
火をつかわずに，酸素分子や水素分子の原子を
　ばらばらにすることはできないか　23

実験器具について　26

第2幕　固体と液体の表面 ············· 27
── 金属と水と活性炭

表面にある原子は，相手が半分しかいない　27
水の表面の分子たち　29
水の表面に1円玉を浮かせることができるか　32
水の表面にもう一枚の一円玉を浮かせたら　35
活性炭の表面は臭う分子を引き寄せる　38
炭化水素の原子のつながりと金属原子のつながり　42
金属の表面の原子同士はくっつけ合わせられるか　45
金属の粉末は結合しやすいか　49

第3幕　白金の不思議なはたらき ············· 51
── その「表面の原子」の触媒作用の正体

「白金＝プラチナ」という貴金属の登場　51
白金の表面の原子　55
白金表面の不思議なはたらきを発見したファラデーの実験　63
白金の表面は，水素を燃やすのに役立つだけか　65
白金ライター　68
白金の不思議なはたらきのなぞ　71
「触媒」と「表面の原子のはたらき」　74
「燃料電池」の原理　75

第4幕　白金黒の異常なはたらき ············· 79
── 火をつけないのに，いきなり爆発するなぞ

「白金黒」というもの　79
コンタクトレンズの洗浄剤に使われている白金黒　86
〈ハクキン懐炉〉には白金が使ってあるか　88

〈懐炉灰〉と灰の効用　89
　　　最後の実験　94
　〔お話〕カイロの発明物語 …………………………………96
　　カイロの発明　96
　　『西鶴織留』の中の懐炉の発明物語　98
　　モース博士の懐炉　105
　　外国にも大量に輸出されるようななったカイロ　107
　　白金カイロの発明物語　109
　　使い捨てカイロの発明　112
〈分子模型〉を中心とした
原子分子の発見と啓蒙の年表　117
楽しみごととしての科学　140

第4巻　固体＝結晶の世界　　　板倉聖宣
　　　　──ミョウバンからゼオライトまで　　山田正男

　　まえがき ……………1
　　実験器具について … 6
第1幕　結晶というもの……………………………………7
　　　　──「微小な粒子の集まり」と結晶
　銅の粉と銅の電線　7
　三態変化＝分子の集まりの3種類の状態の変化　12
　「結晶模型板（クリスタルシミュレーター）」での実験　14
　「水分子の結晶」＝氷　19
　分子と分子の〈すきま〉の発見　21
　金属も結晶か　27
　スズ鳴りの実験　29
　　おだんごパズルで遊ぼう　31
　　もう一個，詰められますか　32
第2幕　外形の美しい結晶……………………………………35
　　　　──ダイヤモンド・水晶・方解石，その他
　「固体の表面の形」と，内部の原子分子の配列　35
　実験セットの中の結晶たち　37
　ダイヤモンドの結晶　39
　〈ダイヤモンドの正体〉の発見物語　41
　「ダイヤモンドの炭素原子結晶説」を証明する実験　44

石墨の結晶模型——炭素原子だけでできている　48
　　なぞの〈ダイヤモンド〉　50
　　「水晶」は「水の結晶」か,「水の化石」か　52
　　「劈開＝へきかい」の実験　55

第3幕　結晶のでき方・作り方……………………………59
　　　　——いちばん昔から役立ってきた結晶＝ミョウバン

　　天然の結晶と人工の結晶　59
　　いちばん身近な結晶＝砂糖と食塩の結晶の観察　62
　　砂糖と食塩の結晶の作り方　64
　　砂糖と食塩をいっしょに溶かしたらどんな結晶ができるか　68
　　ミョウバン（明礬）の結晶　71
　　大昔からのミョウバンの用途　73
　　ミョウバンの大きな結晶を作ろう　77
　　ミョウバンはどこでとれるか　78
　　江戸時代の日本でのミョウバンの生産　80
　　浅間山の噴火後にミョウバンがとれた　81

第4幕　分子篩ゼオライト……………………………85
　　　　——1億倍のゼオライトの実体積模型の完成

　　不思議な石・おもしろい石……結晶のいろいろ　85
　　読み物「ゼオライト」の発見物語　90
　　　　クロンステットの発見　90
　　　　ミョウバンとゼオライトの結晶水の実験　94
　　　　スウェーデン語で書かれた「ゼオライト」の発見論文　98
　　　　「分子篩」の発見　101
　　　　1億倍のゼオライトの実体積模型の完成　106
　　　　飛躍的に発展するようになった合成化学の研究　109
　　　　ゼオライトで〈酸素の多い空気〉をつくり出す実験　112
　　世界最初の,もう一つの実体積模型　117
　　〈原子分子編〉あとがき　119
　　〈原子分子編〉謝辞　125
　　楽しみごととしての科学　127
　　〈原子分子編〉総もくじ　130
　　〈原子分子編〉人名総さくいん　136

サイエンスシアターシリーズ〈原子分子編〉全4巻

人名総さくいん

人名　巻数−ページ

ア
浅原源七　3-108
飯川喜美　1-72
飯島俊一郎　3-114
板倉聖宣　4-32
井原西鶴　3-97〜98，3-102
植木康之　3-109
ウェルズ　2-89〜91
ウォラストン　3-52，3-64
エンツェルト　4-41
岡田春吉　3-109〜3-112

カ
甲斐信枝　1-56
貝原益軒　3-103
カデー　4-43
ガリレオ　4-99
キャベンディシュ　2-11，2-80
栗田子郎　1-57
栗原良枝　2-117〜118
黒岩博五郎　4-83
グリモー　4-43
グルー　2-97，2-98
クロンステット　4-90，4-92，4-94，4-96，4-98〜101

サ
崎川範行　3-90，3-93
シェーレ　2-80〜81
シュタイホッフ　4-101
シュミット　4-104
ジョセム　4-32，4-34

タ
多久和俊明　3-49
玉井康勝　3-48
筒井要三　1-70
デーヴィー　2-80，2-83〜88，2-90，3-71，4-44〜45，4-47，4-49
デーベライナー　3-72〜73，3-81，3-109〜110
テナール　3-72，3-73，3-84
デモクリトス　1-16〜18，1-73〜74，1-95，1-125，2-114
デューロン　3-72〜73
藤吉　4-82
トリーヴァルト　3-46

ナ
中川　悦　1-72
中島藤衛門　1-68〜70
名倉　弘　4-31
ニュートン　4-42

ハ

パーティントン　4-41, 4-49
灰屋紹由　1-45
灰屋紹益　1-45
林勘兵衛　3-101〜102
人見必大　3-103
ファラデー　3-63〜3-65, 3-71〜73, 4-45
フック　1-113, 4-99
ブラック　2-79
ブラント　4-93
フランクリン　2-80
プリーストリ　2-78, 2-80〜81, 2-83, 2-84, 2-85
平瀬徹斎　1-65〜67
ベッドーズ　2-84
ボイル　4-42, 4-54, 4-99
星川清親　1-50, 1-56
堀　秀道　4-51

マ

前田藤之助　3-114
益子金蔵　1-69
益子源二郎　1-70
松山利夫　1-32, 1-41
マックベイン　4-102〜104, 4-106
マッケ　4-43
的場仁市　3-111
湊　秀雄　4-115
モース　3-105〜106
モールトン　2-91

ヤ

山田正男　4-2, 4-108, 4-112, 4-117
山田芳子　4-2, 4-77, 4-118
山村秀夫　2-76
吉川辰司　4-115
吉川義夫　2-28

ラ

ラヴォアジェ　2-84, 4-43, 4-46
リンマン　4-92
ルクレチウス　2-62〜63
レオミュール　4-25〜26

ワ

ワイゲル　4-101〜102
和田維四郎　4-98
ワレリウス　4-92

■著者紹介
板倉聖宣（いたくら きよのぶ）

1930年，東京の下町に生まれる。1953年，東京大学教養学部を卒業。1958年，東京大学大学院数物系研究科を修了。物理学の歴史の研究によって理学博士となる。

1959年，国立教育研究所に勤務（〜95）。

1963年，科学教育の内容と方法を革新する「仮説実験授業」を提唱。

1983年，編集代表として月刊誌『たのしい授業』（仮説社）を創刊。

1995年，国立教育研究所を定年退職し，「私立板倉研究室」を設立。「サイエンス・シアター運動」を提唱・実施し，その後さらに研究領域を広げて活躍中。

〔著書〕『科学と方法』（季節社），『ジャガイモの花と実』（福音館書店），『いたずら博士のかがくの本』（全12巻，国土社），『日本史再発見』（朝日新聞社），『科学的とはどういうことか』『仮説実験授業』『科学と科学教育の源流』『世界の国ぐに』（仮説社），その他，専門書も含めて多数。編著・共著書も，『長岡半太郎』（朝日新聞社），『理科教育史資料』（全6巻，編集代表，東京法令），等々。

山田正男（やまだ まさお）

1950年，神奈川県南足柄郡に生まれる。

1975年，名古屋大学数学科を卒業。数学ができるとは思えなかった。板倉さんの本と出会う。

1983年，ファスナーで作るキンチャクを方程式にまとめる。

1991年，ネオジム磁石を世界最強と誤解して，反磁性を簡単に見られることを発見。さらにファラデー生誕200年記念講演会にて，ファラデー効果を再現。芳子さんの依頼により電熱線カッターを開発。分子模型を作るようになる。

1992年，分子模型角度定規を開発。これ以来，全国各地で分子模型作りの会を開く。また，緑高校で鈴木栄作さんよりミョウバンの「寝っころがし育成法」を教わる。

2002年，分子模型づくりの道具を自作し供給し続け10余年。最近は小学生にもラクラクと分子模型づくりを楽しんでもらっている。そういう意味で，分子模型の世界的権威といってよいだろう。

〔著書〕『たのしい授業』などに多数の論文を発表。

サイエンス シアター シリーズ〔原子分子編４〕
固体=結晶の世界

著者 　板倉聖宣 © Itakura / Kiyonobu.
　　　　山田正男 © Yamada / Masao.

初版 2002年4月1日（3000部）	装丁・図版・口絵デザイン　平野孝典（街屋）
2刷 2012年9月10日（1000部）	イラスト　　藤森知子
	写真撮影　　泉田　謙
	写真提供　　別府市観光課
	鉱物標本提供　吉村七郎
	巨大ミョウバン結晶製作　山田芳子
	結晶模型製作　由良製作所（プラスチック製）
	山田正男（発泡スチロール球）

本文印刷・製本　第一資料印刷（株）
カラー印刷　（有）ダイキ
用紙　（株）鵬紙業

発行　株式会社 仮説社
〒169-0075　東京都新宿区高田馬場2-13-7
TEL（03）3204-1779
FAX（03）3204-1781
郵便振替「00150-2-187851」
E-mail：mail@kasetu.co.jp
URL：http://www.kasetu.co.jp/

用　紙
カバー：ミューコート，KY76.5
表紙：ビズムマット46T110
本文：クリーム金毬AT46.5
口絵：ブライトーンKT53.5
見返：タントD-70 46Y100

ISBN978-4-7735-0163-6 C0340　　　Printed in Japan
定価はカバーに表示してあります。
落丁・乱丁本はおとりかえします。

科学的とはどういうことか　いたずら博士の科学教室

板倉聖宣著　誰もが興味をもてる問題と簡単な実験を通して，科学とは何か，科学的に考え行動するとはどういうことかを実感する。「卵を立てる」他。　1600円

磁石の魅力　いたずら博士の科学教室

板倉聖宣著　昔，磁石は科学の扉を開く鍵となった。夢あふれる歴史物語と手軽な実験と問題で科学を楽しもう。画期的な「磁石と人の年代記」付。　品切れ

科学と科学教育の源流　いたずら博士の科学史学入門

板倉聖宣著　近代科学発祥の地・ヨーロッパを舞台に，科学がどんな人々によって，どのように生まれ育てられてきたかを見る新発見に満ちた科学史。　2300円

科学者伝記小事典　科学の基礎をきずいた人びと

板倉聖宣著　古代ギリシアから1800年代までに生まれた大科学者約80人。生誕順に並んでいるので「科学の発達史」としても通読できる画期的な事典。　1900円

原子とつきあう本

板倉聖宣著　原子の重さ・大きさ・性質・発見年代などのデータだけでなく，名前の語源，元素記号の覚え方，値段等々までもたのしく学べる。　2000円

地球ってほんとにまあるいの？

板倉聖宣著・松本キミ子画　人工衛星もなかった大昔になぜ「地球は丸い」ことがわかった？　科学の厳しさと楽しさがわかる絵本。詳しい解説付。　1200円

実験観察 自由研究ハンドブック1

「たの授」編集委員会編　「不自由研究」に悩まされる子どもたち。研究の意味をわかりやすくときながら，みんなが夢中になった研究の具体例を満載。　2000円

人と自然を 原子の目で見る

城　雄二著　誰も，どこでも教えてくれないモノの世界の基礎と本質論。原子分子の楽しいイメージをもとに生活を考え直すことのできる化学入門。　2136円

仮説社　＊価格は税別です

発泡スチロール球で分子模型を作ろう

平尾二三夫・板倉聖宣著　発泡スチロール球で原子・分子模型が作れます。まずは，身近な気体や液体から。工作しながら楽しく化学入門できる。　　2000円

白菜のなぞ　やまねこ文庫1

板倉聖宣著　日本人はいつごろから白菜を食べていたのか。その歴史を糸口に，「種」の概念がわかる。科学のたのしさを体験できる科学読みもの。　　1456円

フランクリン　やまねこ文庫2

板倉聖宣著　学歴2年で印刷・出版業を成功させ，電気学だけでなく社会の科学の基礎も開拓。好奇心を燃やし続けた「最初のアメリカ人」の楽しい生涯。品切れ

ちいさな原子論者たち　やまねこ文庫3

伊藤　恵著　小学校低学年の子どもたちと一緒に「すべてのものは原子でできている」ことを学びあった著者のユカイで感動的な科学の授業を再現。　1600円

科学の本の読み方すすめ方

板倉聖宣・名倉弘著　「よい本」の条件と選び方つきあい方，感想文の書き方，科学の本のマチガイとは……大人にこそ役立つ子ども向けの本。　　1900円

かわりだねの科学者たち

板倉聖宣著　民衆の中から生まれ，自らの好奇心を大事にし続けた個性あふれる科学者と教師10人の仕事と生涯。井上円了他。日本の科学再発見。　3204円

砂鉄とじしゃくのなぞ

板倉聖宣〔原著1979年〕砂鉄についての「著者自身の誤解の話」「磁石につく石」「方位磁石」「大陸移動説」にまで広がる科学読み物の傑作。　2000円

歴史の見方考え方　いたずら博士の科学教室

板倉聖宣著　江戸時代の農民は何を食べていたかを解きながら，「物質不滅の法則」を基に歴史を見直す。原子論的なものの見方・考え方の実際。　1600円

仮説社　＊価格は税別です

なぞとき物語　新総合読本1

板倉聖宣・村上道子編著　知らなくてもいいけど知っていると確かに役立つ,そんな知識を与えてくれる読み物集。なぞときの面白さにあふれた23編。1600円

知恵と工夫の物語　新総合読本2

板倉聖宣・村上道子編著　「生き方」「学び方」に関するちょっとした知恵にふれたお話。勇敢な少年・科学者とあたま・死んだらどうなるか,他。　1600円

社会の発明発見物語　新総合読本3

板倉聖宣・松野　修編著　お札・郵便・定価……今では当たり前の様々な社会制度も,それを考え出した人がいて,定着するまでのドラマがあった。1600円

自然界の発明発見物語　新総合読本4

板倉聖宣編著　原子・電磁波・テレビアンテナなど,世界をゆるがしたものから生活を豊かにしてくれる身近なものまで,科学のたのしさを伝える物語。1800円

ものづくりハンドブック1

「たの授」編集委員会編　『たの授』の「ものづくり」記事を収録した大人気シリーズ。サソリの標本・折り染めなど100余種が大集合。No.0〜36より。2000円

ものづくりハンドブック2

「たの授」編集委員会編　大好評の第二弾。ピコピコカプセル・スライム・わたあめ製造器・紙トンボ・紙ブーメランほか多種多様。No.37〜75より。2000円

ものづくりハンドブック3

「たの授」編集委員会編　誰でも作れる親切な書き方。作り方だけでなく遊び方も。ひっこみ思案・紙ひものへび・松ぼっくりツリー他。No.76〜111より。2000円

ものづくりハンドブック4

「たの授」編集委員会編　牛乳パックカメラ,ドライアイスロケット,その他,おいしい！きれい！不思議！びっくり！を満載。No.112〜148より。　2000円

仮説社　＊価格は税別です

ものづくりハンドブック5

「たの授」編集委員会編　誰にも楽しめるものづくりアイデア満載。びっくりヘビ・偽札製造器・炊飯器ケーキ他。No.150〜201より。1〜5の総索引付。2000円

ゆりこさんの おやつだホイ！

島百合子著　常識のカラをやぶった，お菓子をラクラク作る秘訣満載の子どもたちと楽しめるクッキングブック。だんだんケーキ・トンネルサンドなど。1600円

教室の定番ゲーム

「たの授」編集委員会編　お楽しみ会用から授業用まで，子どもたちとのイイ関係を基本にしたゲーム＆アイデアを紹介。楽しみ方のコツまでガイド。1500円

最初の授業カタログ

「たの授」編集委員会編　新学期，最初から子どもたちとのイイ関係をつくるためのアイデア，授業プラン，出会いの演出・年間計画など。年中役立つ！　1800円

月刊『たのしい授業』

編集代表：板倉聖宣
毎月3日発売　705円

教育を根本的に考え直す，授業を楽しくするプラン，読むとなんだか元気になれる…そんな記事ばかりを集めた月刊誌。

原則として執筆依頼はしていません。全国の先生方からのレポートを，さらに多くの先生方に検証していただき，いいものだけを紹介しています。

だから，迫力があります。役立つ実践的なアイデアがぎっしりつまっています。

これらの本が書店で買えないときは，電話・FAX・ハガキ・メールで仮説社までご連絡ください。仮説社では，授業が楽しくなるグッズなども販売しています。
詳しくは http://www.kasetu.co.jp

仮説社　＊価格は税別です

サイエンスシアター 原子分子編

第1巻　粒と粉と分子　板倉聖宣　2000円
●ものをどんどん小さくしていくと
- 第1幕　デモクリトスの世界 ……「つぶ」から「こな」へ
- 第2幕　粉にして分ける ……デモクリトスの世界2
- 第3幕　ライトスコープで見る ……カラー印刷の〈色の原子〉と原子の大きさ
- 第4幕　原子と分子の模型 ……粉つぶの集まりと分子の性質

第2巻　身近な分子たち　板倉聖宣・吉村七郎　2000円
●空気・植物・食物のもと
- 第1幕　空気の中の分子たち ……最も身近な分子
- 第2幕　空気を汚す気体 ……フロンからダイオキシンまで
- 第3幕　くさい気体，おもしろい気体 ……アンモニアから沼気と笑気まで
- 第4幕　植物や食物のもと ……燃えて気体になる分子たち

第3巻　原子と原子が出会うとき　板倉聖宣・湯沢光男　2000円
●触媒のなぞをとく
- 第1幕　分子と分子が出会うとき ……化学変化がおこるための条件
- 第2幕　固体と液体の表面 ……金属と水と活性炭
- 第3幕　白金の不思議なはたらき ……その「表面の原子」の触媒作用の正体
- 第4幕　白金黒の異常なはたらき ……火をつけないのに，いきなり爆発する謎
　カイロの発明物語／原子分子の発見と啓蒙の年表

第4巻　固体＝結晶の世界　板倉聖宣・山田正男　2000円
●ミョウバンからゼオライトまで
- 第1幕　結晶というもの ……「微小な粒子の集まり」と結晶
- 第2幕　外形の美しい結晶 ……ダイヤモンド・水晶・方解石，その他
- 第3幕　結晶のでき方・作り方 ……一番昔から役立ってきた結晶＝ミョウバン
- 第4幕　分子篩ゼオライト ……1億倍のゼオライトの実体積模型の完成

〈原子分子編〉総もくじ・人名総さくいん

続刊　熱と温度編／力と運動編／電磁波編／電気編／音と波編　全24巻

＊価格は税別です

仮説社